Michael Paulitsch

Methoden der Spanplattenuntersuchung

Grundlagen, Ausführungen, Anwendungen

Mit 27 Abbildungen

Springer-Verlag
Berlin · Heidelberg · New York · Tokyo 1986

Dipl.-Forstw. Dr. Michael Paulitsch, Warendorf

ISBN-13: 978-3-540-16371-8   e-ISBN-13: 978-3-642-47553-5
DOI: 10.1007/978-3-642-47553-5

CIP-Kurztitelaufnahme der Deutschen Bibliothek

Paulitsch, Michael
Methoden der Spanplattenuntersuchung: Grundlagen, Ausführung, Anwendungen / Michael Paulitsch. –
Berlin; Heidelberg; New York; Tokyo: Springer 1986.
ISBN-13: 978-3-540-16371-8

2362/3020 543210

Für Annette,
Christoph und Stephan

Vorwort

Die Untersuchung von Holzspanplatten ist in jüngster Zeit wieder ins
Zentrum des Interesses gerückt. Hersteller wie Verbraucher von Holzspanplatten verfolgen aufmerksam die Möglichkeiten zur Kontrolle dieses Produktes; beiden ist an Erfassung von reproduzierbaren Eigenschaften gelegen. Neue Anwendungsbereiche von Holzspanplatten fördern neue Methoden der Untersuchung.

Weltweit werden neue Prüfverfahren entwickelt; es sei nur auf die
Arbeiten in den Laboratorien der Institute für Holzforschung hin-
gewiesen, die die mannigfachen physikalischen, chemischen und bio-
logischen Anforderungen an die Holzspanplatte in den verschiedenen
Klimazonen der Erde und die Qualitätssicherung in allen Stadien der
Produktion belegen.

Dem Bedürfnis nach einer Zusammenschau von Prüfverfahren für Holzspanplatten und der jüngsten Entwicklung will diese Arbeit nach-
kommen.

Basierend auf den grundlegenden Arbeiten von Winter und Kollmann
nach dem Kriege werden auch die kanadischen und amerikanischen Prüfungen dargestellt und die in nationalen und internationalen Normen
standardisierten Prüfverfahren wiedergegeben. Diese sollen einen
Einblick in die Vielfalt der Prüfung von Holzspanplatten eröffnen.

Die Methoden haben die Inhomogenität des Rohstoffs (Rinde bis Kern-
holz) sowie die Verteilung der Späne im Produkt zu berücksichtigen,
insbesondere müssen die richtungsabhängigen, anisotropen Eigenschaften des Endproduktes beachtet werden. Die Vielzahl der chemischen
Zusätze sind in die Analyse miteinzubeziehen.

Diese Arbeit kann Vollständigkeit nicht beanspruchen zu einem Zeitpunkt, in dem zahlreiche neue physikalische, chemische und biologi-
sche Methoden entwickelt und für die Produktprüfung umgesetzt werden.

Für die Anwender und für die Verarbeiter von Spanplatten werden aber
die zahlreichen im längeren Zeitraum bewährten Methoden vorgestellt.
Der Spanplattentechnologe findet Hinweise auf Methoden, die er in Abhängigkeit von der jeweiligen Fragestellung auswählen, bewerten und
praxisnah abwandeln kann. Der Materialprüfer findet die speziell für
Spanplatten entwickelten Prüfmethoden. Die Studierenden erhalten einen
Einblick in die bisher gelösten Fragen.

Der vorgestellten Auswahl und Bewertung der verschiedenen Methoden
liegt eine mehrjährige persönliche Erfahrung im wissenschaftlichen
Labor und in der industriellen Praxis der Fertigung und Beschichtung
von Spanplatten zugrunde.

Für fortwährende Förderung meiner Arbeiten möchte ich Herrn Prof. Dr.
H. Schulz, Institut f. Holzforschung, München, ganz besonders danken.
Die langjährige Unterstützung durch die Angehörigen des Fraunhofer-
Instituts f. Holzforschung (WKI), Braunschweig, unter der Leitung von
Herrn Prof. Dr. G. Kossatz sei auch an dieser Stelle nachdrücklich
erwähnt. Vor allem Herr Prof. Dr. E. Roffael hat mit mancher anregen-
der Diskussion und mit der Durchsicht des Kapitels über die nachträg-
liche Formaldehydabgabe zum Gelingen der Arbeit beigetragen.

Herrn Dipl.-Holzwirt O. Künnemeyer darf ich für vielfältige Ermuti-
gung und Anregungen während meiner mehrjährigen Tätigkeit in den
Hornitex-Werken danken.

Freundlicherweise hat Frau Dipl.-Arch. C. Heseler, Häuserhof, die
Zeichnungen angefertigt.

Warendorf, Januar 1986   Michael Paulitsch

Inhaltsverzeichnis

1 Einführung

Die Untersuchung der Eigenschaften von Holzspanplatten besteht aus
Elementen der allgemeinen Baustoffprüfung und aus Prüfungen, die auf
die speziellen Eigenschaften der Spanplatten zugeschnitten sind.
Neben der Aufgabe, die Eigenschaften der Späne, der Leime und der
Spanplatten im Produktionsablauf zu messen, zu prüfen und zu beeinflussen, steht die Notwendigkeit, die Qualität der Endprodukte zu
beschreiben und entsprechend den Vorgaben konstant zu halten.

Die Entwicklung der Prüfmethoden wird von der verfahrenstechnischen
Entwicklung und der anwendungstechnischen Ausweitung dès Absatzgebie-
tes vorangetrieben.

Bezüglich der Prüfverfahren lassen sich drei Stufen erkennen:

Als **erste Stufe** sind die **praxisnahen** Methoden zu nennen, die unmittelbar die Eigenschaften der Platten während des Produktionsablaufs
erfassen oder bei der Wareneingangskontrolle beschreiben. Dieses
sind Methoden, die sich Taschenmesser , Lupen, Gewichte und Maßbän-
der bedienen. Der Stand dieser wenig aufwendigen und geringen Aus-
bildungsstand erfordernden Prüfverfahren wurde bereits von v. Wedemeyer 1959 zusammenfassend dargestellt.

Die **zweite Stufe** wird in dem Labor-Einsatz mit der elektrischen Meßtechnik, dem Einsatz von elektrischen Kraft- und Wegaufnehmern und
von Universal-Prüfmaschinen gefunden. Die Erkenntnis, daß Spanplat-
tenuntersuchungen und die Auswertung der Ergebnisse sich der mathe-
matischen Statistik bedienen sollten, fällt in diese zeitliche
Periode.

Dem Weg von der Mechanisierung hin zur Automatisierung des Produktionsprozesses entspricht die **dritte Stufe** in der Prüftechnik. Diese
wird dann abgeschlossen sein, wenn für die entscheidenden Prüfkrite-
rien **kontinuierlich** arbeitende und zerstörungsfrei messende Methoden

entwickelt worden sind. Die direkte Messung von Festigkeitseigenschaften wird dann während des Produktionsprozesses durch die Ermittlung
von Elastizitäten und Verformungen ersetzt werden.

In die Prozeßleitfunktionen sind eingegeben die an zerstörend geprüf-
ten Meßwerten ermittelten Korrelationen. Für zahlreiche Kriterien,
vor allem für die physikalischen Eigenschaften wie Gewicht und Feuchtigkeit , sind diese bereits erfolgreich eingeführt.

Einige Prüfmethoden sind national und international seit Jahren vereinheitlicht und unverändert. Die Vereinheitlichung bedarf dabei nicht
immer erst einer internationalen Standardisierung, sondern ergibt sich
unangefochten aus der Problemstellung (z.B. Dickenquellung oder Querzugfestigkeit). Für andere Prüfverfahren wird eine Vereinheitlichung
im Rahmen der ISO angestrebt bzw. ist bereits erarbeitet (z.B. Biege-
Elastizitätsmodul).

Wieder andere Eigenschaften werden in einzelnen Ländern intensiv geprüft, ohne in traditionellen Erzeugerländern entsprechend Beachtung
gefunden zu haben. Dies kann an dem Einsatz der Sandsacktests in den
USA oder der Bakterienanfälligkeit beobachtet werden. Hintergrund für
derartige Unterschiede sind die unterschiedlichen Anwendungsgebiete
oder Veredelungsverfahren in USA und Europa

Anregungen erhält die Prüftechnik von dem Streben nach Produkten für
neue Anwendungsgebiete (z.B. Witterungsbeständigkeit, Oberflächenveredelung).

Als in den vergangenen Jahren entwickelte neue Prüfmethoden sind zu
nennen: Verfahren zur Messung der nachträglichen Formaldehydabgabe
und zur Messung der Kantenbearbeitbarkeit.

Auch die "konventionelle" Möbelspanplatte ist weiter verbessert und
auf die verschiedenen Oberflächenveredelungsverfahren hin angepaßt,
entwickelt worden. Die Untersuchung und Beschreibung der Eigenschaften der Spanplattenoberflächen und der der Oberfläche naheliegenden
Deckschicht ist folgerichtig immer detaillierter geworden.

Will man einen Ausblick wagen, könnten als Entwicklungslinien für die
Prüftechnik sicherlich die kontinuierliche und zerstörungsfreie Prüfung der für den Produktionsablauf wichtigen Eigenschaften genannt
werden. Wobei die genauere Erfassung der wesentlichen Kriterien sowohl zu noch gleichmäßigeren Qualitäten, als auch zu Materialeinspa-

rung beitragen werden. Weiterhin sind die Untersuchungen der Oberflächeneigenschaften und die der festigkeitsverbessernden Maßnahmen als zukunftsträchtig und bedeutsam anzusehen. Konkretisierung der Anforderungsprofile an den Werkstoff aus neuen Anwendungsgebieten sind sicherlich Aufgaben auch der anwendungstechnischen Prüfverfahren.

Es ist weiterhin abzusehen, daß alle umweltrelevanten Eigenschaften verstärkt der Kontrolle unterliegen werden. Dazu gehört nicht zuletzt, daß der chemischen Analyse der Zusammensetzung von Spanplatten weiterhin Aufmerksamkeit gewidmet sein dürfte. Von der Weiterentwicklung der Sensortechnik und dem Einsatz von Mikroprozessoren sind Impulse für die kontinuierliche Erfassung der Eigenschaften von Zwischen- und Endprodukten zu erwarten.

2 Mikroskopische Beobachtung

Mit Hilfe der zahlreichen Mikroskopiertechniken sollen durch Vergröße-
gung des Objektes die Feinheiten der Spanplatte dem Auge zugänglich
gemacht werden. Kontrastmittel ermöglichen die verschiedenen Komponenten getrennt zu unterscheiden und zu beobachten.

Die Untersuchung der mit Duroplasten verleimten Spanplatten ist im
Lichtmikroskop nicht voll befriedigend. Die gehärteten Leime sind
nachträglich nur unzureichend anfärbbar und somit sind der Kontrastierung und Beobachtung im Lichtmikroskop Grenzen gesetzt. Dagegen trägt
die lichtmikroskopische Beobachtung von oberflächenveredelten Spanplatten erfolgreich zur Erforschung der Ursachen des Materialverhal-
tens bei (s. z.B. Votteler, 1983). Auch die geringeren Farbstoffmen-
gen, die mit der Fluoreszenzmikroskopie erfaßt werden können, lösen
nicht alle Probleme bei der mikroskopischen Betrachtung von Spanplatten.

Die neuen Techniken der Raster- und Elektronenmikroskopie haben die
Ansätze zur Betrachtung der Mikrotechnologie von Holzspanplatten wieder belebt.

2.1 Lichtmikroskopie

Bei der lichtmikroskopischen Betrachtung ist nach Durchlicht- und
Auflichtmikroskopie zu unterscheiden. Die Fragestellung bedingt
unterschiedliche Probenvorbereitung bei beiden Methoden.

2.1.1 Durchlichtmikroskopie

Voraussetzung für die Durchlichtmikroskopie ist die Anfertigung sehr
dünner Schichten. Diesem Verfahren sind wegen der Sprödigkeit der
Leimfugen und des Holzes Grenzen gesetzt. Auch die unterschiedliche
Orientierung der Späne zur Plattenebene führt zu Schwierigkeiten, da
jeder Span in einem anderen Winkel angeschnitten wird. Somit kann
nicht bei jedem Span der optimale Schnittwinkel eingehalten werden,
der glatte Schnittflächen ergibt. Mischungen aus Holzarten (oder Rindenanteil) ergeben zusätzliche Probleme bei der Fertigung der Schnitte.
Mikrotomschnitte oder Ultrafräsen verbessern das Schnittergebnis.

Es ist auch möglich, derartiges Material in Harze einzubetten. Das
Einbettungsharz dringt in die Probe ein. Es kann allerdings optisch
oft nur schwer vom Leimharz unterschieden werden.

Als **Einbettungsmaterial** empfehlen Bosshard und Futo (1963) Methacrylat.
Kleine Materialteile müssen dazu in Alkohol dehydriert werden und in
Plexiglas eingegossen werden (1 Teil Methyl - 3 Teile Butylmethacry-
lat). Der Einbettungsvorgang soll schonend bei Temperaturen unter
70°C vollzogen werden, um beschleunigte weitere Kondensation der
Leimharze zu vermeiden. Das Methylacrylat soll dabei nicht in die
Zellwände eindringen, sondern nur die Hohlräume zwischen den Spänen
ausfüllen. Nach der Einbettung können Mikrotomschnitte bis zu 10 μ
Dicke hergestellt werden. Wegen der Eigenfarbe von Phenol bedarf es
keiner weiteren Kontrastierung bei phenolformaldehydverleimten Spanplatten. Harnstoffharzverleimte Spanplatten können analysiert werden,
indem nach der Methacrylat-Einbettung das Holz mit Methylenblau und
das Einbettungsmittel mit Eosin III gefärbt werden.

Die Späne färben sich darauf grün-blau und das Einbettungsmittel rot.
Das Leimharz soll als dichte, milchig-weiße Substanz erkennbar sein.
Diese Methode ist zur Untersuchung der Verteilung von Harnstoffharzleimen nicht so sicher wie die Fluoreszenzmikroskopie, aber sie kann
auch ohne vorhergehende Anfärbung des Leimharzes angewendet werden.

Mikroschnitte phenolharzverleimter Spanplatten werden nach der Methacrylat-Einbettung kurze Zeit in ein Gemisch von Eau de Javelle (Chlor-
gehalt 14 %) und Wasser (1:1) getaucht. Die harzgetränkten Stellen färben sich dunkelrot.

2.1.2 Auflichtmikroskopie

2.1.2.1 Bindemittelart und -verteilung

Auflichtmikroskopie von Anschliffen wird erfolgreich zur Untersuchung der **Art des Bindemittels** angewendet. Auch die Schichtdicke der Beschichtungen von Lacken usw. kann aus Auflichtbetrachtungen von Querschnitten erkannt werden. Durch Anfärbungen werden Fehler und Verteilung der verschiedenen Komponenten sichtbar (Plath et al., 1959).

Glatte Oberflächen sind zur Beobachtung notwendig und können mit scharfem Sägeblatt oder durch Anschleifen erreicht werden. Zum Planschleifen wird Schmirgelpapier bis zur 280er Körnung empfohlen (Freund, 1951). Um das Zusetzen der Hohlräume zwischen den Spänen zu verhindern, kann mit einem äthergetränkten Tuch die Oberfläche zwischen den Schleifstufen gesäubert werden. Laufender Richtungswechsel ist beim Schleifen einzuhalten, um Schleifrillen zu vermeiden. Allerdings kann mit diesem Verfahren nur schlecht eine gewünschte oder vorher bestimmte Ebene untersucht werden.

Zur besseren Kontrastierung empfiehlt sich die Anfärbung der Schnitte. Aus der Holzchemie und -anatomie sind verschiedene Farbstoffe mit einfacher Handhabung bekannt. Weit verbreitet ist die Anfärbung mit Chlorzinkjod-Lösung. Verholzte Teile färben sich je nach Schichtdicke von hellzitronengelb bis dunkelgelb.

Nach Herzberg (zitiert nach Freund, 1951, S. 643) wird die Lösung wie folgt hergestellt:

Lösung A: 15 ccm einer bei 20°C gesättigten Zinkchloridlösung und
          1 ccm destilliertes Wasser.

Lösung B: 2,1 g Jodkalium und 0,1 g Jod werden trocken vermischt und,
          anfänglich sehr langsam und in einzelnen Tropfen, unter
          ständigem Rühren 5 ccm destilliertes Wasser zugegeben. Verbleibt infolge zu schneller Wasserzugabe ungelöstes Jod in
          der Flüssigkeit, so muß der Ansatz verworfen und die Lösung
          neu hergestellt werden.

Die Lösungen werden vermischt und bei Raumtemperatur im Dunkeln aufbewahrt. Nach einem Tag gießt man die Mischung in ein dunkel gefärb-

tes Fläschchen mit Glasstopfen und gibt ein Blättchen Jod hinzu. Bei
Aufbewahrung im Dunkeln ist die Lösung länger haltbar.

Mit Methylenblau läßt sich Laub- und Nadelholz unterscheiden, wobei
sich Laubholz bläulich färbt. Auch Bosshard und Futo (1963) haben mit
Methylenblau das Holz in Spanplatten kontrastiert gegen Harnstoff-
Formaldehydharzleim (0,2 prozentige, wässrige Lösung, 4-5 Minuten
Einwirkzeit).

Lehmann (1970) untersuchte die **Bindemittelverleimung** in der Spanplatte,
indem in der Leimflotte Farbstoff gelöst wurde, der in einem Refle-
xionsphotometer (z.B. Elrepho, Fa. Zeiss) sichtbar gemacht werden
kann. Das Photometer bestimmt die Intensität des von der Objektober-
fläche reflektierten Lichtes. Die Leimverteilungen wurden bei folgendem Vorgehen dargestellt:

Das Gerät wird in Filterposition 8 (457 µ) kalibriert.

Dieser Filter entspricht dem Tappi-brightness Standard und ist der
Elrepho-Glasfilter. Zur Messung auch der feinsten Unterschiede diente
der 540 µ Filter. Diese Messungen wurden jeweils an drei 1,41 inch^2
großen Flächen durchgeführt und als Mittelwerte angegeben. Untersucht
wurden unterschiedlich beleimte Laborspanplatten.

Wilson und Krahmer (1976) verwendeten den handelsüblichen Farbstoff
Rhodamin B, um die Leimtröpfchen erkennen zu können, die an Bruchflächen von Querzugfestigkeitsproben liegen.

Für die optische Kontrolle der Leimverteilung auf Holzspänen unter
dem Lichtmikroskop haben Ginzel und Stegmann (1970) zahlreiche Farbstoffe erprobt.

Aus einer Auswahl von 75 basischen, sauren und substantiven Farbstoffen erwiesen sich 4 als besonders affinitiv zu Harnstoffharzleimen:

> Siriusbordeaux 5 B
> Palatinechtblau GGN
> Chloraminneublau 5 B
> Azosäureblau B.

Zur Präparation: Eine Probe beleimter Späne wird bei 105°C zwischen
5 und 12 Minuten getrocknet (für jeden Leimtyp speziell auf die Härtung eingestellt). Anschließend erfolgt das Aufbringen der Farbstoff-

lösung (0,2 % wässrig) während 5-10 Minuten bei 20°C. Abschließend werden die Späne mit Wasser ca. 30 Minuten gewaschen und wieder getrocknet. Als Kriterium für die Trocknungszeit dient die erreichte Kontrastierung.

Im Auflicht können auch Spanorientierung und Benetzbarkeit der Späne
ermittelt werden.

2.1.2.2 Spanorientierung

In flachgepreßten Spanplatten liegen die einzelnen Späne vorzugsweise
parallel zur Plattenebene. Für die normale Spanplatte ist eine möglichst gleichmäßige, zufällige Verteilung der Späne in Bezug zur Herstellungsrichtung gewünscht. Bei einigen Spezialspanplatten, z.B. den
oriented strand boards (OSB), werden die Späne in der Streumaschine
mit mechanischen Hilfsmitteln oder durch elektrostatische Aufladung
in e i n e r Richtung bevorzugt ausgerichtet. Zur Prüfung der Wir-
kungsweise von Streuanlagen kann die Messung der Orientierung der
Späne angezeigt sein. Als Längsachse der Späne wird üblicherweise die
longitudinale Richtung der Holzzellen betrachtet.

Die Orientierung der Späne kann durch optische Winkelmessung im Auflicht bestimmt werden, wobei der Winkel zwischen der Spanlängsachse
und der Plattenkante in Herstellungsrichtung gemessen wird. Die Orientierung läßt sich dann beispielsweise durch die mit folgender Gleichung berechnete Maßzahl angeben:

$$\text{Orientierung} = \frac{45 - \theta}{45}$$

Wobei θ den arithmetischen Mittelwert vieler gemessener Winkel ohne
Berücksichtigung des Vorzeichens angibt.

2.1.2.3 Benetzbarkeit der Späne

Als Maß für die Benetzbarkeit eines festen Stoffes mit einer Flüssigkeit dient der Randwinkel θ, der bei vollkommener Benetzung 0° (Cos 0°
= +1) beträgt.

Unter dem Randwinkel versteht man den Winkel zwischen der Oberfläche
eines festen Stoffes und einer gedachten Tangente am Flüssigkeits-
tropfen. Geräte zur automatischen Erfassung des Randwinkels sind aus
dem Druckereiwesen bekannt (Wultsch und Kunz, 1967).

Einen interessanten Hinweis für die Messung des Randwinkels von Harn-
stoffharzleim auf Spänen gaben Wilson und Krahmer (1976). Es wurde
eine geschlossene Lage Späne mit einer gefärbten Leimflotte besprüht
und anschließend bei ca. 80°C und ca. 95°C für 10 Minuten in einem
Trockenofen erhitzt. Die Gelierung des Leimes ermöglicht die Messung
des Randwinkels bei verschiedenen Härtungsbedingungen.

Von den Randwinkeln kann nicht unmittelbar auf die Festigkeit von
Klebfugen geschlossen werden, da das unterschiedliche mechanische
Verhalten ausgehärteter Klebfugen für die Festigkeit eine große Rolle
spielt. Bei chemisch gleichartigen Stoffen können Randwinkelmessungen
aber als Grundlage für Optimierungsanstrengungen dienen (Clad, 1983).
Mit Randwinkelmessungen konnte Chen (1970) auch die Ursachen unterschiedlicher Scherfestigkeiten bei tropischen Holzarten nach Verleimung mit Harnstoff-Formaldehydharzen erläutern.

Randwinkelmessungen geben auch Hinweise auf die Saugfähigkeit von
Oberflächen (s. Kap. 6). Dies wurde u.a. bei der Beurteilung von
Wechselwirkungen zwischen Tränkharzen und Beschichtungsrohpapieren
dargestellt (Chehata und Paulitsch,1974).

2.1.3 Lichtschnittmikroskop

Zur Abbildung von Oberflächenprofilen werden Lichtschnittmikroskope
eingesetzt (Mitgau 1971). Auch die Schichtdicke von Lacken und Beschichtungen auf Holzspanplatten läßt sich im Lichtschnittmikroskop
messen.

2.2 Fluoreszenzmikroskopie

Bei der Fluoreszenzmikroskopie wird ultraviolettes Licht einer Queck-
silberlampe (Wellenlänge um 2000 A) bis zum Objekt durch besonders
durchlässiges Glas (z.B. Quarz) geleitet, im Objekt entweder durch das
Untersuchungsgut selbst oder durch einen Fluoreszenzfarbstoff teilweise
in sichtbares Licht verwandelt und dann durch eine normale Mikroskop-
optik unter Zwischenschalten eines Sperrfilters betrachtet.

Der Vorteil der Methode liegt darin, daß mittels Fluoreszenz Farb-
stoffkonzentrationen um 10^{-6} g nachweisbar sind.

Fluoreszierende Substanzen können sowohl zur Untersuchung von verholz-
ten Geweben als auch von Harnstoffharzleimflotten erfolgreich eingesetzt werden. Bei der fluoreszenzmikroskopischen Untersuchung der
Leimverteilung in Spanplatten ist jedoch zu berücksichtigen, daß der
pH-Wert der Leimflotte sich während der Aushärtung verändert. Dadurch
ändert sich die pH-Wert-abhängige Leuchtkraft der Fluorochrome.

Bosshard (1960) empfiehlt das Fluorochrom Coriphosphine nach Versuchen mit zahlreichen anderen Farbstoffen. Der Farbstoff soll im Verhältnis von 1 : 1000 zum Festharzanteil in die Leimflotte unterge-
mischt werden. Die Farbintensität ist besonders groß, wenn im Leim
kein Streckmehl enthalten ist. Darauf ist bei Sperrholzleimen zu
achten. Besonders günstig gerät die Anfärbung, wenn Späne mit geringem Farbkernanteil und niedrigem Harzanteil eingesetzt werden. Diese
Verhältnisse sind allerdings nur bei wenigen Holzarten, z.B. Fichte,
Tanne, einzuhalten. Bei UV-Lichtquellen ist die Farbbrillianz besser
als bei BV-angeregter Fluoreszenz.

Als Lichtquelle wird eine Osram-Quecksilberhöchstdrucklampe HBO 200
eingesetzt. Zur Filterung des emittierten Lichtes dient ein Erreger-
lichtfiltersatz aus zwei UG 1 Gläsern für die BV-angeregte Fluoreszenz. Vorausgestellt ist ein Kupfersulfatlösungs-Filter. Weitere
Sperrfilter müssen dem Erregerlicht angepaßt werden.

2.3 Rasterelektronenmikroskopie

Das Rasterelektronenmikroskop (REM) ermöglicht verschiedenartige
stereoskopische Beobachtungen. Eine ausführliche Darstellung des Meß-
prinzips und eine Analyse der Anwendungsmöglichkeiten für die Holzforschung hat Knigge (1971) veröffentlicht.

Die Aufnahmen des Objektes entstehen in 3 Stufen:
Die abzubildenden Ausschnitte werden mit einem Stereo-Lichtmikroskop
ausgesucht. Die Ausschnitte werden dann unter Hochvakuum mit Silber
bedampft und im REM photographiert.

Wilson und Krahmer (1976) haben mit dem REM die Leimverteilung untersucht und die Bruchflächen von Spanplatten insgesamt beobachtet. Es
wurden einzelne Tröpfchen und Leimfilme auf den Bruchflächen festgestellt. Dort wo Leimflächen auftraten, ergab sich immer Holzbruch.
Leimtröpfchen führten nicht zu Holzbruch.

Deppe (1977) stellt die Oberflächen bewitterter und unbewitterter beschichteter Spanplatten im REM dar und zeigte feinere Strukturen als mit Tastschrieben.

Für die Transmissionselektronenmikroskopie wird das Untersuchungsmaterial in Spurrs Medium (Spurr, 1969) eingebettet und mit einem Ultramikrotom geschnitten. Die Dünnschnitte werden kontrastiert und im Siemens Elmiskop 101 beobachtet.

Mikromorphologische Beobachtungen mit dem REM an zementgebundenen Holzwerkstoffen beschreiben Parameswaran und Bröker (1979).

Die Ausbildung von Leimfugen und die Beschädigungen im Holzgewebe infolge der Verdichtung des Holzes beim Pressen haben Parameswaran und Roffael (1982) mit Hilfe von REM-Aufnahmen untersucht.

3 Analyse der Spanplattenkomponenten

Die Holzspäne bilden ein Element, aus welchem die Spanplatten zusammengesetzt werden. Holzart, Länge, Breite und Dicke der Späne, Großflächigkeit oder kubische Form mit glatten oder faserigen Rändern sind einige Kriterien, welche die Eigenschaften der Platten mitbestimmen. Die chemischen Eigenschaften des Holzes bzw. der anderen Bestandteile der Bäume, aus welchen Spanplatten gefertigt werden, wie z.B. Rinde, bestimmen zudem die Verleimbarkeit und beeinflussen die Aushärtung der Kleber. Die Spanplattenleime bedingen das Zusammenwirken der Späne im Spanverband zu den Eigenschaften der Spanplatten. Ihre physikalischen Eigenschaften, die Menge und Verteilung, tragen zum Eigenschaftsbild des Endproduktes bei und bestimmen die Verfahrenstechnik beim Pressen.

3.1 Analyse von Spänen

Die Eigenschaften der Holzspäne sind in die Problemkreise Spanformen, Spangrößen und chemische Eigenschaften der Späne sowie Verunreinigungen zu untergliedern.

Sollen bereits gepreßte Spanplatten auf ihre Spangrößenverteilung analysiert werden, empfiehlt sich vorsichtige Auflösung des Spanplattenverbundes durch Erwärmen in Ameisensäure, verdünnter Salzsäure oder Wasserstoffperoxid. Vor einer Fraktionierung muß das Spanmaterial dann vorsichtig getrocknet werden.

3.1.1 Spanformen

Spanformen können nach der Ausbildung der Ränder als glatt oder faserig sowie entsprechend den Relationen zwischen der Länge, Breite und

Dicke unterschieden werden. Das Verhältnis Länge zu Dicke charakteri-
siert den Schlankheitsgrad eines Spanes.

Als genaueste Methode zur Ermittlung der Spanform gilt die Beobachtung
der Späne alleine. Zudem kann die Häufigkeitsverteilung der Eigenschaften in Spangemischen anhand von Stichproben geprüft werden.

Zur Beurteilung reicht das unbewaffnete Auge oder es sind bei kleine-
ren Spangrößen mikroskopische Vergrößerungen erforderlich (Neusser
et al.,1969; Schmidt-Hellerau,1973).

3.1.2 Spangrößen

Für die Analyse der Spangrößen sind verschiedene Geräte beschrieben
worden.

Das Ergebnis der Spananalyse hängt von der Qualität der Stichproben
ab. Auf gleichmäßige Durchmischung der Spangemenge vor der Entnahme
der Stichprobe ist zu achten. Im Grundsatz sollten lieber weniger
Stichproben mit größerer Spananzahl als zu kleine Stichproben in
größerer Anzahl genommen werden.

Eine Fraktionierung mit Sichtgeräten mit zusätzlicher Einzelspanmessung wird von vielen Autoren vorgeschlagen (Neusser und Krames,1969;
May und Stegmann,1966). Nach den bisherigen Erfahrungen werden Stichproben von 500 g oder 5 l als ausreichend empfunden. Bei Hackschnitzel
sind 10 l zu empfehlen. Für genauere Messungen sollten mehrere Stichproben fraktioniert werden. Der Umfang der Stichprobe wird auch von
dem Schüttgewicht des Spangemisches abhängen. Kleinere Späne ergeben
höhere Schüttgewichte als Mischungen aus größeren Spänen, weshalb bei
ersteren weniger Stichproben erforderlich erscheinen.

Sedimentation, Dispergieren usw. sind Verfahren zur Klassifizierung
von Haufwerken, die in der chemischen Verfahrenstechnik angewendet werden, aber bei Holzspänen nicht aussichtsreich erscheinen. An den unregelmäßig geformten Holzspänen ist auch eine eindeutige Beschreibung
mittels Geräten nahezu immer unmöglich.

Fraktionierung der Spangemische mittels Siebung ist die bewährte
Methode. Die herkömmliche Maschinensiebung von Holzspangemischen findet nahezu immer mit einem Siebsatz mit mehreren Sieben statt. Dabei

werden die Siebe bewegt, damit das aufgegebene Siebgut möglichst
gleichmäßig auf dem Siebgewebe verteilt wird. Die Teilchen werden
geschüttelt. Dieser Bewegung ist eine zweite vertikale überlagert,
damit die in den Maschen verklemmten Teilchen wieder herausgeschleu-
dert werden (Leschonski 1966).

Während in der Spanplattenfertigung die Späne mittels Wind-, Wurf-,
Plan- oder Rollsieben fraktioniert werden, hat sich für die Spananalyse nur die Siebung auf Plansieben durchgesetzt. Für Späne werden im wesentlichen Quadratmaschensiebe verwendet. Hackschnitzel werden auch mit Langlochsieben fraktioniert.

Bei Quadratmaschensieben werden die Spangemische vorwiegend nach der
Länge und Breite der Späne fraktioniert. Für getrennte Fraktionierung
nach Länge, Breite oder Dicke gibt es bisher noch keine Geräte, die
die Einzelspanmessung ersetzen. May und Keserü (1982) haben mit einem
Labor-Windsichter (Zick-Zack-Sichter) Spangemische analysiert. May
und Stegmann (1966) haben zur Analyse von **Deckschichtspänen** folgende
Quadratmaschensiebe eingesetzt: 0,15 - 0,3 - 0,6 - 1,2 und 3,0 mm.
Chen und Paulitsch (1974) verwendeten Quadratmaschensiebe von 0,16 -
0,315 - 0,63 - 1,25 - 3,15 und 5 mm. Kehr (1972) hat mit 0,15 - 0,30 -
0,60 - 1,00 - 1,70 - 2,00 - 3,00 und 4 mm-Sieben gearbeitet. Die
Späne unter 1,00 mm gelten als Feingut (Kehr, 1972).

Es ist ferner auf eine optimale Feuchtigkeit der Späne bei der Fraktionierung zu achten. Die Feuchtigkeit soll um 10 % aufweisen. Zu
trockene Späne können sich beim Sieben zerkleinern und zu feuchte
Späne können auf den Sieben agglomerieren und die Siebmaschinen ver-
stopfen.

Für die kontinuierliche automatische Spananalyse sind dem Autor noch
keine Geräte bekannt geworden. Über einen ersten Lösungsansatz wurde
von Mehlhorn (1985) berichtet. Im Betrieb wird man sich noch mit
indirekten Kontrollen der Spangrößen über Messervorstände usw. helfen
müssen, die von Stichprobenprüfungen unterstützt werden.

Die Auswahl der Siebmaschenweiten ist je nach Spangrößenverteilung
und der Zielsetzung der Untersuchung zu wählen. Mehr als 5 bis 6 Fraktionen zu bilden, erscheint nicht immer notwendig. Zudem ist zu beachten, daß durch die Auswahl der Siebmaschenweiten möglichst gleich große
Fraktionen im mittleren Bereich gebildet werden.

Auch die Siebungskraft muß nach Zeit und Größe ausreichend sein, um
das Feinkorn aus dem Siebgut heraus durch die Maschen zu fördern.
Für Spandickenmessungen an Deckschichtspänen wurde eine 1/100 mm Meßuhr
mit runder Tasterfläche erfolgreich eingesetzt. Für die Messungen der
Länge und Breite sind Projektionsgeräte mit Rasterteilung zweckmäßig
(May und Stegmann 1966). Für Einzelspanmessungen könnten auch Teilchengrößenanalysatoren eingesetzt werden.

Für die Analyse von **Hackschnitzeln** für die Spanplattenindustrie hat
sich die Untersuchung der Häufigkeitsverteilung mit dem William-Sieb
nach Hatton als ungünstig erwiesen- nur 10 % der Hackschnitzel werden
in 3 Klassen getrennt, während 90 % der Hackschnitzel in 2 Gruppen auf-
geteilt werden (Paulitsch, 1976). Die Trennschärfe der Siebe war zu
unterschiedlich.

Die Ergebnisse der Siebanalysen von Spänen und Hackschnitzeln können
als Summenverteilungskurven oder als Dichteverteilungskurven dargestellt werden. Häufig ist eine Darstellung im Wahrscheinlichkeitsnetz.
Die Vergleichbarkeit von Häufigkeitsverteilungen wird dadurch über-
sichtlich (s. Bild 3.1).

Bei statistischer Normalverteilung der Späne ergibt die Summenhäufig-
keitskurve eine Gerade im Wahrscheinlichkeitsnetz. Bei Abweichungen
von der Geraden liegen Mischverteilungen vor, die in der graphischen
Darstellung gut erkennbar werden.

3.1.3 Chemische Eigenschaften von Spänen

3.1.3.1 Säuregrad der Späne

Nach der Auswertung des umfangreichen Untersuchungsmaterials über die
Bestimmung des Säuregrades von Holz (s. z.B. Stamm, 1961; Sandermann
und Rothkamm, 1959) wurde folgendes Vorgehen für Späne und Spanplatten
erprobt:

Der Säuregrad der Späne wird als pH-Wert bestimmt. Dazu wird das Untersuchungsmaterial zerkleinert und in destilliertem Wasser mindestens
10 Minuten gelagert. Eine Erwärmung erhöht die extrahierende Wirkung
der Wasserlagerung und ist je nach Fragestellung möglich. In einer
Tappi-Methode wurde vorgeschlagen, die Proben über einer Wasseroberfläche zu lagern und durch den Heißdampf extrahieren zu lassen. Die

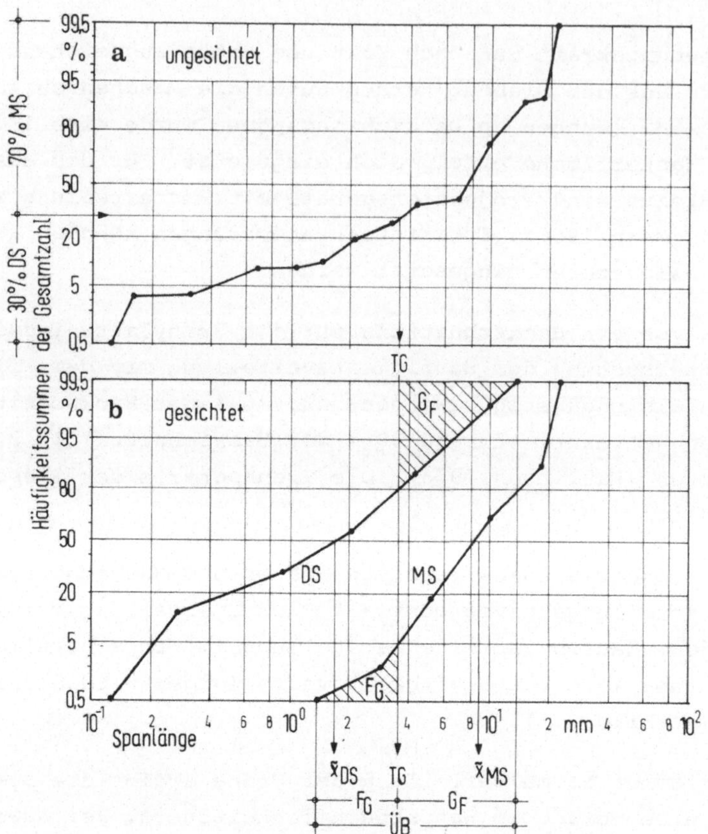

Bild 3.1 Summenhäufigkeitsverteilungen zur Darstellung von Spangrößen-
verteilungen und von Trennfraktionierungen von Spangut (n. May und
Keserü 1982)

DS - Deckschichtspäne

MS - Mittelschichtspäne

TG - Trenngrenze

G_F - Mittelschichtspäne im Feingut

F_G - Deckschichtspäne im Grobgut

ÜB - Überlappungsbreite als Maß für die Trennschärfe

Messung des pH-Wertes kann dann mit einer elektrischen pH-Meter mit
Einstabmeßkette erfolgen. Mit dieser Vorgehensweise wurden Untersuchungen über die pH-Werte von Spanplatten getrennt nach Mittel- und Deckschichten durchgeführt (Paulitsch, 1972).

3.1.3.2 Pufferkapazität

Zur Untersuchung der Einflüsse der Inhaltsstoffe des Holzes auf die
Leimhärtung hat Roffael eine Methode zur Messung der Pufferkapazität
von Holzspänen ausgearbeitet (Roffael und Rauch, 1974).

Dazu werden 5 g atro Späne mit 150 ml Wasser versetzt und 1/2 Stunde
unter Rückkühlung gekocht. Nach dem Auswaschen wird der Extrakt auf
500 ml aufgefüllt. Dann werden 50 ml des Extraktes separiert und
gegen n/100 Natronlauge titriert. Die Veränderung der pH-Werte werden
gegen die zugegebene Menge Natronlauge aufgetragen. Diese Kurven brin-
gen die Pufferkapazität des Extraktes zum Ausdruck.

3.1.3.3 Inhaltsstoffe

Die Analyseergebnisse der Anteile an Inhaltsstoffen in den Spänen oder
anderem Rohmaterial für Spanplatten werden von den extrahierenden Lö-
sungsmitteln bestimmt.

Nach Hergert und Kurth (1953) werden die Proben 6 Stunden in Hexan,
Benzol, Äthyläther und Äthanol sowie anschließend in Heißwasser unter
ständiger Rückkühlung gekocht. Das Extraktionsmittel verdampft und
der Rückstand in Prozenten des atro-Gewichtes der unextrahierten Einwaage berechnet. Vor der Extraktion sind die Späne oder Spanplattenabschnitte fein zu mahlen.

Nach Browning (1967) werden mit Hexan Fette, Öle und Wachse gelöst.
Benzol extrahiert die Ester von Kohlenwasserstoffen. Mit Äthyläther
werden Flavone und andere Farbstoffe ausgewaschen. Äthanol und Wasser
lösen die Gerbsäuren und Phlobaphene bzw. Gerbsäuren und Kohlenhydrate
aus der Vorlage. Chen und Paulitsch (1974) haben mit diesen Verfahren
die Inhaltsstoffe von Fichten- und Kiefernholz, Rinde und Nadeln im
Hinblick auf die Einflüsse auf die Verfahrenstechnik analysiert.

Auf ein dünnschichtchromatographisches Verfahren, das die Analyse kleiner Mengen zementhärtungsstörender Inhalt-Stoffe von Holzarten ermöglicht, soll hier verwiesen werden (s. bei Bröker und Simatupang, 1973).

3.1.4 Verunreinigungen

3.1.4.1 Aschegehalt

Der Aschegehalt von Spänen oder Spanplatten wird nach Glühen in Platin-
oder Porzellantiegeln als Anteil anorganischer Bestandteile gravimetrisch
bestimmt. Der Rückstand wird bezogen auf den Trockengehalt der Einwaage in Prozent angegeben. Eine Vorzerkleinerung der Spanplatte in
Culatti-Mühlen ist sinnvoll.

3.1.4.2 Siliziumgehalt in Spanplatten

Der Siliziumanteil in Spanplatten ist für die Werkzeugabstumpfung beim
Fräsen oder Sägen von Spanplatten und für die Ausbrüche am Werkstück
beim Bearbeiten der Spanplatten mit verantwortlich. Der Einsatz von
Rohmaterial mit erhöhtem Siliziumgehalt (z.B. unentrindetes Holz) und
die genauere Analyse der Werkzeugstandzeiten haben das Interesse von
Untersuchungen des Siliziumgehaltes in Spanplatten geweckt.

Fabry (1970) hat eine ISO-Methode und eine Feuchtmethode hinsichtlich
ihrer Anwendbarkeit für Spanplatten untersucht. Die ISO-Methode ist
mit vielen Nachteilen verbunden. Hauptsächliche Gegenargumente sind
die lange Versuchsdauer und hoher apparativer Aufwand. Fabry l.c.
schlägt deshalb die Feuchtmethode für Spanplatten vor. Das Prinzip
der Feuchtmethode besteht darin, daß alle organischen Stoffe in den
Spanplatten mit Hilfe von stark oxidierenden Säuren gelöst werden und
das verbleibende Silizium gewogen wird.

Dazu sind 10 g Probematerial in einem 300 ml Erlenmeyerkolben über
Nacht bei 20°C mit 50 ml konzentrierter HNO_3 aufzulösen. Das Becherglas kann auch auf einem Wärmebad bis auf 100°C erwärmt werden, um
das Entweichen der salpetrigen Dämpfe zu beschleunigen. Anschließend
wird das Becherglas auf Zimmertemperatur abgekühlt. Danach werden
50 ml einer Mischung aus gleichen Teilen von 65 %er HNO_3 und 70 %er
$HClO_4$ zugefügt und langsam auf 300°C erhitzt. Säuren technischer
Reinheit sind ausreichend.

Bei der Erwärmung klärt sich die Flüssigkeit langsam auf. Die Lösung
wird auf 10 bis 15 ml eingeengt. Dabei entweichen die Perchlorsäure-
dämpfe. Diese Abdampfung soll unter gut ventil.iertem Abzug erfolgen.
Die Lösung wird dann abgekühlt, mit Wasser auf 200 bis 250 ml verdünnt
und kurz aufgekocht. Der unlösliche Sandrest wird in einem austarier-
ten feinstporigen Filter gesammelt (Porendurchmesser 8 µ). Anschliessend wird mittels heißgesättigtem Na_2CO_3 gewaschen. Abschließend wird
in Wasser gewaschen und der Sand bis zur Gewichtskonstanz getrocknet.

Die Mineralisierung mit Salpeter- und Perchlorsäure kann bei unterschiedlich gebundenen Spanplatten und bei Platten z.B. mit Brandschutzmitteln durchgeführt werden. Die Zersetzung in der Salpetersäure
ist bei den Platten sehr unterschiedlich und kann schon nach wenigen
Minuten abgeschlossen sein oder einige Stunden dauern.

Als günstig wird die Entnahme von 2 cm x 1 cm großen Proben angesehen. Eine Mahlung der Proben kann eher mit dem Nachteil verbunden sein, daß Sandkörnchen verloren gehen.

3.2 Analyse von Bindemitteln

Die Untersuchung der Eigenschaften der Kleber selbst stellt die Spanplattenhersteller vor die Aufgabe, chemische und physikalische Methoden anzuwenden. In der Praxis werden überwiegend physikalische Wareneingangsprüfungen durchgeführt. Die Kleber in den Spanplatten nachzuweisen, zu unterscheiden und vor allem ihre Verteilung festzustellen, ist bis jetzt in weiten Bereichen noch eine unbefriedigend gelöste Aufgabe. Einige Verfahren sind veröffentlicht worden (s. auch Mikroskopie 2.2).

3.2.1 Untersuchung der Bindemittel

Zusammenfassende Arbeiten über die Möglichkeiten und Verfahren der Analyse der organischen Bindemittel für Spanplatten finden sich z.B. bei Brunnmüller (1973). Den neuesten Stand der Analytik von Pheno- und Aminoplasten hat Schmidtbauer (1980) in einem Übersichtsartikel beschrieben. Clad (1983) berichtet ausführlich über die Prüfungen von chemischen, rheologischen und mechanischen Eigenschaften der Klebstoffe. Die teilweise sehr aufwendigen chemischen Analysen können dort detailliert nachgelesen oder über Literaturhinweise gefunden werden. Die Darstellung dieser Methoden würde den Rahmen und die Zielsetzung dieser Arbeit überschreiten. Hier sollen nur die Methoden aufgeführt werden, die zur Beschreibung der Leime bei der Verarbeitung notwendig erscheinen. Die physikalischen Methoden zur Bindemitteluntersuchung im Rahmen der Eingangskontrolle sind bei Bartnig (1977) und im Kunststoff-Handbuch (1968) im größeren Zusammenhang beschrieben.

Die untenstehenden physikalischen Verfahren sind auch für Untersuchungen von Lacken sinngemäß anwendbar.

3.2.1.1 Feststoffgehalt

Der Feststoffgehalt von Leimen und Lacken ist durch Verdampfen des Lösungsmittels zu bestimmen. Dazu werden 1 g Leim in einem Wägegläschen 15 h bei 103°C oder 2 h bei 120°C getrocknet. Der Festharzgehalt

ist dann durch Auswaage zu ermitteln. Eine genaue Temperatursteuerung
ist für die Reproduzierbarkeit der Ergebnisse wichtig.

3.2.1.2 Viskosität

Die Viskosität kann mit dem Auslaufbecher z.B. nach DIN 53 211, dem
Fallkörperviskosimeter oder einem Rotationsviskosimeter bestimmt werden.

Im **Auslaufbecher** wird die Auslaufzeit einer Flüssigkeitsmenge durch
die Ausflußdüse mit einer Stoppuhr gemessen. Für gestreckte Leime ist
diese Methode weniger geeignet, da hochviskose Leime nicht gleichmäßig
auslaufen. Für wässrige ungefüllte Leime und Lacke empfiehlt sich die
4 mm Auslaufdüse.

Die **Fallkörperviskosimeter** arbeiten nach dem Prinzip, daß ein Körper
- meist eine Kugel - in der Prüfsubstanz nach unten sinkt. Die Fallzeit
dient als Maß für die Viskosität (z.B. Höppler-Viskosimeter).

Rotationsviskosimeter messen meist das Drehmoment von zylindrischen
Körpern (Koaxialzylinder, Kegel-Platte) in der Prüfsubstanz bei konstanter Drehzahl. Durch die Kombination verschiedener Außen- und Innen-
zylinder und stufenförmig regelbarer Drehzahl kann ein großer Viskosi-
tätsbereich überdeckt werden.

Die Fließzahl nach der Blättchenmethode oder die Fließ-Härtungs-Charak-
teristik sind Viskositätskennzahlen bzw. -kennkurven von Melaminharzen
in imprägnierten Papieren (König, 1969).

3.2.1.3 Gelierzeit

Die Zunahme der Viskosität in Abhängigkeit von der Temperatur oder
Zeit (bei kalthärtenden Leimen) wird als Gelieren bezeichnet.

Die Gelierzeit ist die Zeit, in der eine Flüssigkeit nach der Zunahme
der Viskosität in eine feste Phase übergeht. Für die Gelierzeitbestim-
mung ist eine Probe aus der Leimflotte in ein Reagenzglas zu füllen.
Das Reagenzglas wird in ein temperaturkonstantes Wasserbad getaucht.
Ein Glas- oder Metallstab wird in der Probe bis zur Verfestigung bewegt. Die Zeit vom Eintauchen in das Wasserbad bis zur Verfestigung
des Leimes ist die Gelierzeit. Als Produktionskontrolle wird die Gelierzeit der Leimflotte meist bei 100°C in kochendem Wasser bestimmt. Die
Gelierzeitmessung kann auch automatisiert werden (Clad, 1960).

3.2.1.4 Dichte

Die Dichte von flüssigen Leimen wird mit dem Pyknometer oder mit der
Aerometerspindel bestimmt.

Ein Pyknometer besteht aus einem Glasfläschchen mit lang ausgezogenem
Glasstopfen und eingeschliffener Kapillare. Bei der Prüfung wird das
Gefäß, dessen Volumen die Kapillare einschließt, mit einer Prüfflüssigkeit bekannter Dichte gefüllt und gewogen. Dann wird die Flüssigkeit
mit unbekannter Dichte eingefüllt. Von der eingebrachten Flüssigkeit
wird Volumen und Masse bestimmt.

Folgende Gleichung ermöglicht die Berechnung der gesuchten Dichte der
Leimflüssigkeit:

$$\rho = \rho_F \, \frac{m}{M_2 - M_1 - m}$$

wobei ρ - die Dichte der gesuchten Flüssigkeit,

ρ_F - die Dichte der Prüfflüssigkeit

m - Masse der Flüssigkeit unbekannter Dichte

M_2 - Masse der übertretenden Flüssigkeit

M_1 - Masse der Prüfflüssigkeit

3.2.1.5 Ammoniumchloridgehalt und Ammoniakgehalt

Der Ammoniumchloridgehalt im Härter von Harnstoffharzleimen kann nach
Vollhard-Wolff und nach Kolthoff bestimmt werden (s. auch Deppe und
Ernst 1982).

3.2.1.5.1 Vollhard-Wolff

Von der Harzlösung wird 1 cm³ in einem Erlenmeyerkolben vorgelegt, mit
50 ccm destilliertem Wasser verdünnt und mit einem Tropfen Salpetersäure (konzentriert) angesäuert. Die Lösung wird dann mit 25 ccm einer
0,1 n Silbernitratlösung versetzt. Das überschüssige Silbernitrat wird
unter Zugabe von Eisen (III) Ammonsulfat-Indikator mit 0,1 n NH_4SCN
zurücktitriert.

Die Berechnung des Ammoniumchloridgehaltes erfolgt nach:

$$(ccm) \; AgNO_3 \; - \; (ccm) \; NH_4SCN \; x \; 5,34 = NH_4Cl \; (mg).$$

3.2.1.5.2 Kolthoff-Titration

5 ccm Härterlösung werden mit 25 ccm 20 %er Formalin und 30 ccm Wasser
versetzt. Mit 1 n NaOH wird mit Phenolphthalein als Indikator titriert.
Das Formalin muß im Überschuß vorhanden sein.

Der Anteil Ammoniumchlorid (in mg) berechnet sich aus dem Produkt von
verbrauchter Menge Natronlauge (in ccm) und dem Faktor 53,4.

Der Ammoniakgehalt wird aus 10 ccm Härterlösung bestimmt. Dazu wird
diese Menge Härterlösung auf 50 ccm verdünnt. Nach Zugabe von Methyl-
orange als Indikator wird gegen 1 n Salzsäure titriert. Der Ammoniakgehalt (in mg) ist die 35-fache Menge der verbrauchten Salzsäure (in
ccm).

3.2.1.6 Bestimmung des freien Formaldehyds im Leim

2 g Harnstoffleim werden zu 50 ccm Wasser in einem Erlenmeyerkolben
hinzugefügt. Dann werden einige Tropfen Thymolphthalein und Natronlauge dazugegeben, bis sich die Lösung blau färbt. Anschließend werden
10 ccm n Salzsäure und 25 ccm gesättigte Natriumbisulfitlösung addiert.
Die überschüssige Salzsäure wird mit Natronlauge schnell zurück titriert

Die Berechnung erfolgt nach:

$$(\%)\ \text{Formaldehyd} = \frac{(ml)\ H\ Cl \times 3}{(g)\ \text{Einwaage}}$$

Die zu erzielenden Werte sind nur Näherungswerte, da ein Teil des Vor-
kondensats wieder in Harnstoff und Formaldehyd hydrolisieren kann.

3.2.1.7 Härtungsverlauf

Für verleimungstechnische Untersuchungen, z.B. zur Festlegung der
Mindestheizzeiten für die Aushärtung, ist die Kenntnis der Veränderung
der Leimfugenfestigkeit in Abhängigkeit von den Preßzeit interessant.

Ein Verfahren zur Messung der Festigkeitsentwicklung während der Aushärtung von heißhärtenden Leimharzen haben Bolton und Humphrey (1977)
beschrieben. Dazu wurde eine heizbare Vorrichtung in eine Festigkeits-
prüfmaschine eingebaut. Die gewünschte Temperatur kann ohne großen
Wärmeverlust auf die unter Druck stehende Leimfuge einwirken. Nach
gewünschter Dauer der Temperatureinwirkung kann die Prüfmaschine innerhalb von 6 Sekunden von Druck- auf Zugbelastung umschalten.

Als Untersuchungsmaterial wurden Kiefernholzscheiben mit ca. 40 mm
Durchmesser und 2,8 mm Dicke gewählt.

Die Furnierscheiben wurden auf beheizbare Aluminiumscheiben mit Epoxidharz aufgeleimt. Die Aluminiumscheiben sind in der Prüfmaschine befestigt. Zwischen die Furnierscheiben wird die Leimrezeptur in gewünschter Menge aufgebracht.

Auch eine Spezialvorrichtung zur Messung der Veränderung der Querzugfestigkeit während des Härtungsablaufs zwischen Furnieren und Spänen
hat Denisov (1978) konstruiert. "Heizplatten" werden kardanisch in eine
Zug-Druckprüfmaschine eingehängt. Furniere werden dazu durch Kaltver-
klebung an den erwärmbaren "Heizplatten" befestigt. Zwischen die unterschiedlich erwärmten Furniere wird ein mit Leimharz imprägnierter Kle-
befilm gelegt oder punktförmig aufgebracht, und die Proben werden zusam-
mengepreßt. Nach Ablauf der Preßzeitstufen wird die Prüfmaschine auf
Zug umgeschaltet und die Bruchlast ermittelt.

Zur Beschreibung des Härtungsverlaufes von Harnstoffharzen während des
Heißpressens hat Denisov (1978) **thermogravimetrische Verfahren** eingesetzt. Gemessen wurden:

1. die Abnahme der Harzmasse.
2. Die Änderungsgeschwindigkeit der Harzmasse.
3. Die Veränderung des Wärmeinhalts.
4. Der Temperaturverlauf während der Härtung.

Die Verzögerung der Gewichtsabnahme zeigt die Dauer der Polykonden-
sationsreaktionen an. Aus der zeitlichen Veränderung des Wärmeinhalts
lassen sich Hinweise für die Heizzeit ableiten; auf einen exothermen
Peak (charakteristisch für die Kondensation) schließt sich eine
endotherme Phase als Folge der Verdampfung des Reaktionswassers an.

3.2.2 Nachweis von Bindemitteln in Spanplatten

Holzspanplatten werden mit organischen und anorganischen Bindemitteln
gebunden.

Als organische Bindemittel kommen Harnstoff- und Phenolformaldehyd-
harzleime sowie Isocyanate und auch Melaminformaldehydharzleime sowie
Mischverleimungen zur Anwendung. Sulfitablaugegebundene oder mit natürlichen Tanninen verleimte Spanplatten treten demgegenüber in ihrer Bedeutung zurück.

Als anorganische Bindemittel sind Zement und Magnesia verbreitet. Labor-
untersuchungen mit Gips als Bindemittel für Spanplatten sind weit fort-
geschritten.

Industriell hergestellte zementgebundene Spanplatten sind schon aufgrund des hohen spezifischen Gewichtes (ab ca. 1000 kg/m³) zu erkennen.
Graue Farbe und Bearbeitungsmöglichkeiten sind weiter Unterscheidungs-
merkmale. Magnesitbinder verlieren bei starker Durchfeuchtung an Festigkeit, Gips zerfällt unter Wassereinfluß, woran damit gebundene Platten
auch zu erkennen sind.

Im folgenden werden einige Nachweise für organische Bindemittel ausführlich erläutert, da diese Bindemittel schwieriger qualitativ und
quantitativ darzustellen sind.

3.2.2.1 Nachweis von Harnstoff-Formaldehydharzleimen

3.2.2.1.1 Stickstoffbestimmung nach Kjeldahl

Das am weitesten verbreitete Verfahren zur Bestimmung des Anteils von
Aminoplatharzleimen in Spanplatten arbeitet mit der Stickstoffbestim-
mung nach Kjeldahl.

Das Verfahren wurde von Klauditz und Meier (1960) auf Spanplatten übertragen.

Die Spanplattenprobe von ca. 1 g wird auf 0,01 g genau gewogen, in
einen 100-150 cm³ fassenden Kjeldahl-Kolben eingebracht und mit 15 cm³
reiner konzentrierter Schwefelsäure übergossen. Nach Zusatz einiger
Körnchen $CuSO_4$ (0,1 bis 0,2 g) wird das Gemisch in einem Sandbad 2
Stunden im Freien oder unter dem Abzug zum Sieden erhitzt und wieder
abgekühlt. Die gekühlte Flüssigkeit wird in einen 1 l Rundkolben, der
ca. 200 cm³ Wasser enthält, gefüllt. Der Kjeldahl-Kolben wird mit Wasser ausgespült (100 cm³) und das Wasser in den Rundkolben überführt.
Zur Alkalisierung werden vorsichtig 100 cm³ einer 25 Gew.-% Natronlauge eingegossen. Das entstehende Ammoniak wird mit absteigendem
Kühler im Laufe von 90 min. abdestilliert. In das Vorlagegefäß werden
50 cm³ n/10 Schwefelsäure eingebracht. Dann wird das Destillat in
einem Meßkolben auf 250 cm³ aufgefüllt. Anschließend wird in einer
auspipettierten Probe von 50 cm³ die unverbrauchte Schwefelsäure mit
n/10 Natronlauge zurücktitriert. Als Indikator dient z.B. Methylrot.

Der Bindemittelgehalt wird dann nach folgender Formel berechnet:

$$BM \% = \frac{(10 - x) \cdot 2{,}1}{A}$$

wobei x, die Menge zurücktitrierter n/10 NaOH, in cm³
und   A, die Einwaage der Spanplattenprobe, in g angegeben wird.

Mit diesem Verfahren wird der Stickstoffgehalt zwar genau ermittelt,
jedoch nicht nur der aus dem Leim sondern auch der von Holz, Härter
und ggf. anderen stickstoffhaltigen Zusätzen. Werden genaueste Ergebnisse gewünscht, ist die Kenntnis des Harnstoff-Formaldehyd-Verhält-
nisses des Leimes notwendig.

Bei der Bestimmung des Stickstoffgehaltes von mit Isocyanat verleimten
Spänen ist der Stickstoffgehalt der Späne jedoch getrennt zu ermitteln, der je nach Holzart ca. 0,15 bis 0,3 % beträgt. Dieser Prozent-
satz muß dann von dem Gesamtergebnis, das unter 1 % liegt, subtrahiert
werden.

Bei phenolharzverleimten Spanplatten versagt dieses Verfahren zur Bestimmung des Gehaltes an Bindemittel.

3.2.2.1.2 Dimethylformamid

Um eine qualitative Aussage über das Bindemittel für eine vorliegende
Spanplattenprobe zu ermöglichen, hat sich das Auflösen einer Spanplattenprobe in Dimethylformamid erfolgreich anwenden lassen. Nach zwei-
stündiger Lagerung in Dimenthylformamid lösen sich harnstoffharzgebun-
dene Spanplatten auf. Isocyanatgebundene Spanplatten haben sich nicht
aufgelöst. Bei Mischverleimungen von Harnstoff und Isocyanat eignet
sich diese einfache Methode nicht. Allerdings kann wohl zwischen verschiedenen Leimen in der Deck- und der Mittelschicht unterschieden
werden.

3.2.2.2 Nachweis von Harnstoffharzleimen und Diisocyanaten (DACA-Methode)

Zum Nachweis von Harzen auf Basis von Harnstoff-Formaldehyd und Diisocyanaten in Holzspanplatten hat Schriever (1981) einen neuen Vorschlag gemacht. Danach sollen Leime dieser Art sowohl bei getrennter
Anwendung als auch bei Mischverleimung nachgewiesen werden können.

Zweckmäßigerweise sollen möglichst frische Spanplatten-Schmalflächen-
anschnitte angefärbt werden. Dies gilt vor allem dann, wenn zwischen

beiden Leimen differenziert werden soll. Der freie Formaldehyd wird
zur Differenzierung herangezogen. An älteren Anschnitten kann zu wenig
freier Formaldehyd vorhanden sein.

Zwei Reagenslösungen sind erforderlich:

Reagens 1: Frisch hergestellte 0,3 %ige Lösung von
           P-Dimethylaminozimtaldehyd (DACA) in Äthanol
           halbkonz. Salzsäure (5:2 V/V) .

Reagens 2: Frische 1 %ige Lösung von Purpald in 1 M Natronlauge.

Zum Nachweis der Aminogruppen wird die Spanplattenprobe mit Reagens 1
benetzt und für ca. 15 min. bei 105°C im Trockenschrank behandelt.
DACA bewirkt bei Harnstoffharzbeleimung eine Rotfärbung. Spanplatten,
die mit 4,4-diisocyanat beleimt sind, färben sich ebenfalls rot, aber
mit schwächerer Intensität. Melamin- und Phenolformaldehydharze zeigen
keine Farbreaktion (s. Tabelle 3.1).

Färbversuche an Rohholzproben zeigten, daß bei Behandlung mit p-Di-
methylaminozimtaldehyd einige Laubholzarten (z.B. Buche, Kirsche)
blaugrün gefärbt werden können; die Farbintensität kann jedoch zwischen Proben verschiedener Herkunft stark variieren. Wahrscheinlich
sind bestimmte hydrolysierbare Tannine dafür verantwortlich, denn auch
technisch gewonnenes Mimosentannin und einkernige Phenole mit mehr als
einer Hydroxylgruppe wie Brenzkatechin, Resorcin und Pyrogallol zeigen
diese Reaktion. Versuche an Spanplatten, die mit reinem Buchenholz
hergestellt wurden, zeigten - wenn überhaupt - durchweg geringe Blau-
grünfärbung. Der Nachweis von Harnstoff bzw. umgesetztem Diisocyanat
wird dadurch nicht gestört, allenfalls ändert sich der Farbton durch
die Überlagerung von Rot und Blaugrün etwas ins Violette.

Da die Verfärbung nicht über längere Zeit stabil ist, können nur an
frisch umgesetzten Proben Rückschlüsse auf die Art des Klebstoffes
gezogen werden.

Die Reaktion verläuft wahrscheinlich so, daß durch die stark saure
Lösung zunächst eine Hydrolyse stattfindet, die Harnstoff aus UF-Harz
sowie 4,4-Diaminodiphenylmethan als Hauptspaltprodukt aus dem umgesetzten MDI freisetzt. Anschließend findet in Lösung die Reaktion zur
Schiffschen Base statt.

Tabelle 3.1   Farbreaktion an Schmalflächen von Spanplatten, die mit
              verschiedenen Bindemitteln hergestellt wurden.

Spanplatte, verleimt mit	Verfärbung	
	mit DACA	mit Purpald
UF	Intensiv rot	Violett
UMF	Intensiv rot	Violett
MF	–	Violett (wenig intensiv)
PF	–	Grau
MDI	Rot	Grau

UF   = Harnstoff-Formaldehydleim

UMF = Harnstoff-Melamin-Formaldehydleim

MF   = Melaminformaldehydleim

PF   = Phenolformaldehydleim

MDI = Isocyanatleim

Zur eindeutigen Differenzierung der Holzspanplatten, die mit UF bzw.
MDI hergestellt wurden, dient ein Formaldehydnachweis. Dieser wird
sehr einfach ausgeführt mittels Purpald (4-Amino-3-hydrazino-5-mercapto-
1,2,4-triazol). Bei der oben beschriebenen Vorgehensweise tritt mit UF
und UMF eine Violettfärbung auf; auch alkalifreie Phenolformaldehydharze sowie reine Melaminformaldehydharze können positiv reagieren,
wenn auch mit geringerer Intensität (Roffael, 1979). Spanplatten auf
der Basis alkalisch härtender Phenolformaldehydharze und Diisocyanate
ebenso wie Holz nehmen bei der Behandlung mit Purpald nur einen hell-
grauen Farbton an.

Liegt eine kombinierte Beleimung aus Harnstofformaldehydharz und MDI
vor, so läßt sich durch die beschriebene Anfärbung an der Platte das
Diisocyanat nicht nachweisen. Man kann dann so vorgehen, daß man durch
basische Hydrolyse 4,4'-Diaminodiphenylmethan aus der aufgemahlenen
Spanplattenprobe freisetzt, anschließend mit Toluol extrahiert und dann
eine Umsetzung mit DACA vornimmt (Schriever, 1980). Eine Orange- bis
Rotfärbung zeigt Diisocyanat an (ggf. Blindprobe mit reinem Toluol).

Hierbei treten weder durch Harnstoff-, Melamin- und Phenolformaldehyd-
harze noch durch die untersuchten Holzarten (Kiefer, Fichte, Buche,
Eiche) Störungen auf. Prinzipiell können auch andere toluollösliche
Amine eine Rotfärbung hervorrufen. In den neben Diisocyanaten üblichen
Bindemitteln für Spanplatten sowie in Zusätzen, wie Härter usw., sind
diese jedoch nicht gebräuchlich.

Nach neueren Erfahrungen ist es mit der Infrarotspektroskopie möglich,
Melamin (Bande bei 815 cm^{-1}) und auch Isocyanat (PMDI) an der Bande
bei 2275 cm^{-1} direkt aus dem Spektrum qualitativ nachzuweisen.

3.2.2.3 Nachweise von Phenolformaldehydharzleimen

Zum Nachweis von Phenolharz wurden verschiedenartige Verfahren vorgeschlagen. Neben den Anfärbemethoden für die licht- und fluoreszenzmikroskopische Untersuchung (s. dort) wurden Lösungsmittelextraktion
und die Pyrolysegaschromatographie diskutiert. Auch die indirekte
Methode der Bestimmung des Phenolformaldehydharzleimes über die Bestimmung des Alkaligehaltes von Holzspanplatten wurde entwickelt.

3.2.2.3.1 Lösungsmittelextraktion

Eine quantitative Bestimmungsmethode für Phenolharz in Spanplatten
wurde von Ettling und Adams (1966) erarbeitet. Nach dem Mahlen und
Trocknen (ca. 1 h bei 103°C) wird etwa 1 g 1 h bei Raumtemperatur in
konzentrierter Chlorschwefelsäure extrahiert (5 g Säure auf 1 g Holz).
Anschließend wird das Gemisch in einem gewogenen Glasfiltertiegel filtriert und der Rückstand mit Isopropanol gewaschen und wieder filtriert.
Danach wird der Filtertiegel mit dem Rückstand 1 h bei 150°C getrocknet
und wieder gewogen. Aus der Differenz des Gewichts vor und nach Trocknung wird der Phenolharzanteil errechnet. Wegen der starken Säuren
soll unter einem Abzug gearbeitet werden.

3.2.2.3.2 Pyrolyse-Gaschromatographie

Auch die Pyrolyse-Gaschromatographie eignet sich zur qualitativen Unterscheidung von organischen Bindemitteln in Spanplatten (Schriever, 1980).

Phenolharze werden durch die nachweisbaren Methylphenole identifiziert.
Harnstoff- und Melaminformaldehydharze sowie deren Mischungen, ferner
Diisocyanat, können an charakteristischen stickstoffhaltigen Bruch-
stücken voneinander unterschieden werden. Die Pyrogramme von sulfit-

ablaugegebundenen Spanplatten oder von Spanplatten mit Tanninharz als Bindemittel sind von denen phenolharzgebundener Platten unterscheidbar.

3.2.2.3.3 Bestimmung des Alkaligehaltes

Bacon und Rust (1973) bestimmen den Phenolharzanteil alkalisch härtenden Phenolharzes indirekt über den Alkaligehalt von Spanplattenproben. Wegen der großen Unterschiede im Alkaligehalt handelsüblicher Phenolharze von etwa 3 - 15 % ergeben sich nur exakte Werte, wenn gleichzeitig der Alkaligehalt des flüssigen Phenolharzes und der beleimten Späne ermittelt wird.

Der Alkaligehalt der beleimten Späne wird spektroskopisch bestimmt. Hierzu wurde ein Perkin-Elmer AA-Spektrophotometer Modell 290B mit einer Na-Kathodenlampe eingesetzt. Die Spanplattenprobe erfährt folgende Behandlung:

1. Probengröße 2,5 x 2,5 cm² x d (ca. 1-5 g)
2. Veraschen im Muffelofen bei 550°C während 4-8 h
3. Entfernung von organischen Resten durch Anfeuchten der Asche mit 50 %iger Schwefelsäure und Abrauchen der Säure
4. Asche wird in den Meßkolben gefüllt und mit aqua dest gemischt.

Zur Eichung des Gerätes wurde eine NaCl-Lösung mit bekanntem Na-Gehalt von etwa 1 - 5 mg/l verwendet.

Auch Jellinek und Müller (1982) beschreiben ein zuverlässiges Verfahren zur reproduzierbaren Analyse des Alkaligehaltes in Spanplatten.

Sie empfehlen mindestens 2 Proben (mit den Abmessungen 25 mm x 8 mm x d mm, jeweils ca. 10 g) in einem Porzellan- oder Platintiegel bis zur Gewichtskonstanz zu trocknen, zu wiegen und anschließend in einem elektrischen Muffelofen bei 600°C zu veraschen. Die Titration des Glührückstandes mit 1-normaler Schwefelsäure soll nach Abkühlen in Exsikkator erfolgen. Bei Spanplatten mit Fungiciden sind Platintiegel zu verwenden, da Porzellantiegel von einigen Fungiciden angegriffen werden.

Für die Berechnung des Alkaligehaltes gilt folgende Formel:

$$\% \text{ Alkali (NaOH)} = \frac{V \times 4}{G_2 - G_1}$$

G_1 - Gewicht des leeren Tiegels
G_2 - Gewicht des Tiegels mit den getrockneten Prüfkörpern
V - Verbrauchte Volumenmenge (ml) an 1n Schwefelsäure

Mit diesem Verfahren können die Leimauftragsmengen auf $\pm$ 0,3 Prozent-
punkte bezogen auf atro Späne bestimmt werden.

3.2.3 Nachweis von Zusätzen in Holzspanplatten

Durch Zusätze zum Bindemittel oder getrenntes Einbringen von Chemikalien in die Spanplatte ist es möglich, verschiedene Eigenschaften von
Spanplatten zu verbessern. Dazu gehören die Dickenquellung, die Anfäl-
ligkeit gegen Pilzbefall und das Brandverhalten von Spanplatten. Je
nach gewünschter Genauigkeit der Analyse chemischer Zusätze kann der
Aufwand die Möglichkeiten eines Industrielabors weit überfordern. Die
Schwierigkeit der Analyse von Zusätzen zur Spanplatte besteht nicht
zuletzt in der Anwesenheit des chemisch heterogenen Holzes. Holzspäne
bestehen aus vier Komponenten: Cellulose, Lignin, organische und
anorganische Inhaltsstoffe. Hinzu kommen die Veränderungen dieser Substanzen durch die Heißdampfbehandlung während des Trocknens und Pressens der Späne. Auch die Anwesenheit der Bindemittel, organischen und
anorganischen, machen die Analysen nicht leichter.

Es werden nur einfache Verfahren beschrieben. Für quantitative Analysen empfiehlt sich der Kontakt zum Schutzmittelhersteller oder zu
Instituten. Beispielsweise befaßt sich das Deutsche Kunststoff-Institut
Darmstadt seit längerem auch mit der Analyse chemischer Zusätze in
Spanplatten. Bei der Auswahl der Kontaktinstitute ist aber besonders
in Schiedsfällen die Erfahrung des Sachbearbeiters im Umgang mit Span-
plattenanalysen einzuschätzen. Vom Schutzmittelhersteller werden auch
die Institutionen nachgewiesen, die mit den Aufgaben vertraut sind.

3.2.3.1 Nachweis von Hydrophobierungsmitteln

Roffael et al. (1982) weisen auf die großen Unterschiede hin, die zwischen den verschiedenen technischen Paraffinen, die als Hydrophobie-
rungsmittel eingesetzt werden, bestehen können. Der physikalische Aufbau der Paraffine, ihr Schmelzbereich und die Molekulargewichtsvertei-
lung, die Art der Emulgatoren und chemische Eigenschaften wie Ölgehalt
oder Isoparaffinanteil können unterschiedlich sein.

Erschwerend für den Nachweis von Hydrophobierungsmitteln in Spanplatten
wirken die üblicherweise geringen Mengenanteile von 0,25 ... 1,5 %. Als
qualitativer Nachweis von Paraffinen in Spanplatten hat sich das stufenweise Erwärmen von Probekörpern bewährt. Im warmen Zustand der Proben kann das erweichte Paraffin mit Löschpapier abgetupft werden. Über
die stufenweise Erwärmung läßt sich auch ungefähr der Schmelzpunkt des
Paraffins ermitteln. Bei Auftrennen der Spanplatten in Deck- und Mittelschicht läßt sich Paraffin in beiden Schichten getrennt nachweisen.

Für quantitative und genauere chemische Analysen sind jedoch erhebliche Mengen von Paraffin erforderlich, die aus größeren Probematerial-
mengen "ausgeschwitzt" werden müßten.

Beispielsweise haben Roffael et al. (1982) ein Verfahren beschrieben,
n- und iso-Paraffin zu trennen. Dazu waren 10 g Paraffin erforderlich.

3.2.3.2 Nachweis von Pilzschutzmitteln

Salzhaltige und ölige Pilzschutzmittel werden eingesetzt. Analyseverfahren für Pilzschutzmittel können wegen der Verschiedenartigkeit der
Mittel und der aufwendigen Analyseverfahren nicht mitgeteilt werden.
Bei organischen Salzen ist ein Nachweis teilweise auch nur nach Bei-
gabe von Markierungssubstanzen vor dem Einarbeiten in die Spanplatten
möglich.

Die "Richtlinie zur Überwachung von Holzwerkstoffplatten - Mengenbestimmung der eingebrachten Holzschutzmittel" (Institut für Bautechnik,
1972) teilt über die Vorgehensweise nur mit:

"Das Analyseverfahren wird zwischen dem Schutzmittelhersteller und der
Prüfstelle, die die Prüfungen zur Erteilung eines Prüfzeichens für das
Holzschutzmittel durchführt, vereinbart.

Der Holzschutzmittelhersteller hat das Analysenverfahren vorzuschlagen
und nachzuweisen, daß es geeignet ist ... Eine Beschreibung des Analyse-
verfahrens wird beim Institut für Bautechnik hinterlegt. Das Analysenverfahren ist bei der Überwachung von Holzwerkstoffplatten anzuwenden
und wird der jeweiligen Prüfstelle ... vom Institut für Bautechnik zur
Verfügung gestellt."

Von den Herstellern der Holzschutzmittel sind in Eigenüberwachung vom
wasserlöslichen Holzschutzmittel bei der höchsten in der Norm DIN 68 800

angegebenen Konzentration die Löslichkeit, die Dichte und der pH-Wert
zu bestimmen. Carbolineen sind auf Dichte, Siedeanalyse und Salzfrei-
heit zu prüfen und bei anderen öligen Holzschutzmitteln sind die Dichte,
der Brechungsindex und der Flammpunkt zu untersuchen (I. f. B.T.,
1972).

3.2.3.3 Nachweis von Brandschutzmitteln

Den Spanplatten mit Kunstharzbindung werden als Brandschutzmittel Verbindungen zugegeben, die mindestens eines der Elemente: Phosphor,
Schwefel, Chlor, Brom, Bor oder Stickstoff enthalten (Gressel, 1980;
Gfeller, 1978). Die Analysemethoden für Brandschutzmittel in Spanplatten richten sich vor allem auf diese Elemente.

Wir beschränken uns auf die Angabe von qualitativen Verfahren. Die Art
der Brandschutzmittel kann schon aus der naßchemischen Prüfung auf
Heteroelemente abgeleitet werden (Braun, 1978).

Spezifischer sind Farbreaktionen mit anorganischen Salzen. Für Phosphate empfiehlt Feigl (1960) die Reaktion mit Molybdaten und die anschließende Oxidation von Benzidin. Dabei färbt sich die essigsaure
Lösung blau (Benzidinblau und Molybdänblau).

Flammschutzmittel auf Phosphatbasis können nach Lämmke (1966) aus dem
wäßrigen Extrakt der Spanplatten nachgewiesen werden. Ausgenutzt wird
die Gelbfärbung mit dem Molybdat-Vanadat-Reagenz. Aus der Intensität
der Gelbfärbung ergibt sich kolorimetrisch die Phosphatkonzentration.

Borsalze können mit dem gelben Curcumin nachgewiesen werden. Borsäure
überführt das gelbe Curcumin in rotbraunes Rosocyanin (Nowak-Ossorio
und Braun, 1983a).

Zum Nachweis von Bromsalzen wird von Nowak-Ossorio und Braun (1983a)
empfohlen, die Spanplattenprobe mit Chromsäure oder Bleidioxid und
Essigsäure zu erhitzen. In dem entweichenden Bromdampf wird ein mit
wäßriger gelber Fluoresceinlösung imprägniertes Filtrierpapier rot
(Eosin) gefärbt.

Qualitative Nachweise für Phosphate, Sulfate, Bromide und Borverbin-
dungen können aus wäßrigen Extrakten mit Hilfe der Dünnschichtchromatographie geführt werden. Die Dünnschichtchromatographie eignet sich
auch zur quantitativen Analyse (Nowak-Ossorio und Braun, 1983a).

Brandschutzmittel können auch röntgenographisch direkt auf der Oberfläche der Platte nachgewiesen werden (Nowak-Ossorio und Braun,
1983a).

4 Physikalische Eigenschaften

4.1 Feuchtigkeit

Holzspanplatten reagieren auf die Änderungen des Feuchtigkeitsgehaltes
der sie umgebenden Luft mit Gewichtsänderungen sowie mit Quellen und
Schwinden in allen drei Raumachsen. Dadurch ändert sich Länge, Breite,
Dicke und Gewicht der Platten. Bei Feuchtigkeitswechseln werden die
Leimverbindungen wechselnden Quellungsdruck- und Schwindungszugbelastun-
gen ausgesetzt, die eine Schwächung der Leimfugenfestigkeit nach sich
ziehen können. Auf chemische Wirkungen, z.B. der Hydrolyse bei Harnstoff-Formaldehydharzen ist hinzuweisen. Auch die Oberflächenrauheit
der unbeschichteten und bei längerer Feuchtigkeitseinwirkung auch die
der oberflächenveredelten Spanplatte verändert sich infolge der Formänderungen der Deckschichtspäne. Bei asymmetrischer Feuchtigkeitsver-
teilung bzw. bei unterschiedlicher Feuchtigkeitseinwirkung auf beiden
Seiten der Platten verzieht sich die Platte.

Das Verhalten bei Feuchtigkeitsänderungen ist also dem von Holz prinzipiell ähnlich, es unterscheidet sich nur im Ausmaß. Die Holzart der
Späne bestimmt nun auch das hygroskopische Verhalten deutlich. Verändert wird das Wirken des Holzes in den Spanplatten durch die Art des
Wiederzusammenfügens, durch die Verdichtung und durch Leimart und
Leimanteil sowie -verteilung. Einflüsse von Zusätzen (z.B. Hydropho-
bierungsmittel) konnten ebenfalls nachgewiesen werden.

4.1.1 Messung der Feuchtigkeit von Spanplatten

4.1.1.1 Darrprobe

Das genaueste Verfahren ist die **Darrprobe**-Methode. Die damit erhaltenen
Werte gelten als Bezugsgröße bei der Beurteilung der Genauigkeit der
anderen Verfahren (s. auch Lück, 1964).

Hierbei wird eine Spanmenge bei 105°C bis zur Gewichtskonstanz getrocknet und dann der Feuchtigkeitsanteil (u) über die einfache Formel

$$u = \frac{G_u - G_D}{G_D} \times 100 \ (\%)$$

errechnet.

Darin bedeuten u   - Materialfeuchtigkeit
$\quad$ G_u - Masse in feuchtem Zustand
$\quad$ G_D - Masse in gedarrtem Zustand

4.1.1.2 Feuchtigkeitsmessung nach dem Widerstandsprinzip

Die Messung nach dem **Widerstandsprinzip** hat sich in der Holzwirtschaft
insgesamt zur Messung der Feuchtigkeit, vor allem unterhalb des Fasersättigungsbereiches, durchgesetzt. Das Verfahren beruht auf der Tat-
sache, daß sich der elektrische Widerstand von Holz in Abhängigkeit von
der Materialfeuchtigkeit in einem weiten Bereich verändert. Im Bereich
unter der Fasersättigung von Holz, der für die Spanplattenproduktion
und -verarbeitung von Bedeutung ist, verändert sich der Widerstand
stärker als oberhalb des Fasersättigungsbereiches. Dadurch ist es möglich, in jenem Bereich noch genauer zu messen.

Tragbare Geräte mit Einschlagelektroden, deren Stromversorgung aus
Batterien erfolgt, sollte jeder holzverarbeitende Betrieb zur Wareneingangskontrolle, zur Prüfung vor der Verarbeitung und für die schnelle
Messung der Feuchtigkeit von Holzprodukten im verarbeiteten Zustand verwenden.

Wesentliche Störgrößen bei der Widerstandsmessung sind insbesondere die
Temperatur und die Dichte des Meßgutes sowie aufgrund der unterschiedlichen Inhaltsstoffarten und Inhaltsstoffmengen des Holzes natürlich auch
die Holzart (Kail und Gratzl, 1962). Holzschutzmittel oder Brandschutzmittel aus anorganischen Salzen vermindern den elektrischen Widerstand
und verfälschen damit die Feuchtigkeitsbestimmung (Kyte, 1972). Neuere
Geräte verfügen auch über Korrekturmöglichkeiten hinsichtlich Temperatur und Holzartengruppen.

Viele Reklamationsfälle bei Verlege- und Verkleidungsplatten waren
durch die Feuchtigkeitsmessung eindeutig aufzuklären.

Die Nachteile liegen vor allem in den apparatetechnischen Voraussetzungen: Es wird mit Kontakt des Spanmaterials zu den Elektroden gemessen;
dies führt zu Abrieb und Ablagerungen sowie zu Einflüssen der Spangrößen. Es gibt aber bei diesem Verfahren erhebliche Unterschiede in
der Beurteilung zwischen den Herstellern.

Berücksichtigt man, daß nach dem Spänetrocknen Feuchtigkeiten des Holzes zwischen 2 und 5 % liegen werden und durch die Zugabe der wäßrigen
Leimflotte die Feuchtigkeiten auf 13 bis 15 % angehoben werden, dann
ist der Vorteil der elektrischen Widerstandsmessung nochmals unterstri-
chen. Der Fehlerbereich wird bei 7 bis 12 % Materialfeuchtigkeit mit
ca. ± 1 % angegeben (z.B. Dean, 1972).

4.1.1.3 Andere Feuchtigkeitsmeßverfahren

Die Feuchtigkeitsmessung mit Hilfe von **Infrarot-Strahlung** wurde in
Nordamerika entwickelt und ist bis heute im wesentlichen dort verbreitet. Die erreichbare Meßgenauigkeit wird als gut beschrieben (Gann,
1980). Durch Staubanfall und Hitzeeinwirkung wird jedoch die empfind-
liche Optik der Infrarot-Sensoren nicht unerheblich belastet. Auf die
Dauer erscheint die Anwendung dieses Verfahrens besonders im unmittel-
baren Trocknerbereich problematisch. Zukunftschancen werden eher im
Bereich der Messung der beleimten Späne gesehen, wo die Umgebungsbe-
lastungen geringer und die Feuchtigkeit der Späne bereits homogener
ist (Deppe/Ernst, 1977; Greten, 1980).

Das **kapazitive Meßverfahren** geht davon aus, daß die Dielektrizitätskonstante des Holzes, die sich in Abhängigkeit von der Feuchtigkeit
des Holzes verändert, in Relation zur Holzfeuchtigkeit gebracht wird.
Da der Bereich, in dem sich die Dielektrizitätskonstante von nassem
zu trockenem Holz ändert, relativ klein ist, gibt es nur geringe Auf-
lösungsmöglichkeiten. Hinzu kommen Störeinflüsse wie die Spandicke und
die Temperatur, so daß die Meßgenauigkeit zusätzlichen Unsicherheiten
unterworfen ist. Das Verfahren wird heute in der Spanplattenfertigung
noch kaum angewandt.

Die negativen Erfahrungen aus der Anfangszeit der Spanplattenfeuchtig-
keitskontrolle mit Hilfe der kapazitiven Feuchtigkeitsmessung waren
der Abrieb des Meßkopfes - eines Kondensators - durch die aufliegenden
bewegten Späne, Ablagerungen des Leimharzes und der Inhaltsstoffe der
Späne sowie Dichte- und Schüttgewichtsunterschiede, die auf den Meßwert
einwirken.

Bei der **Mikrowellenmessung** wird die Feuchtigkeit berührungslos bestimmt. Damit ist der große Vorteil verbunden, daß keine Verschleißteile instandzuhalten und zu warten sind. Auch Staub spielt dabei keine Rolle. Das gesamte Meßgut wird durchstrahlt. Ein Nachteil dabei ist jedoch, daß das Meßgut parallel zur Mikrowellendurchstrahlung gewogen werden muß. Die Methode wird dadurch aufwendiger und diskontinuierlich (Greten, 1980; Bilbrough, 1970).

Die **Radioisotopenabsorptionsstrahlungsmessung** hat sich zur Feuchtigkeitsmessung in Verbindung mit Flächenwaagen durchgesetzt. Für die Feuchtebestimmung wird die Absorption ausgewertet.

4.1.2 Gleichgewichtsfeuchtigkeiten

In jedem Klima stellen sich in den Holzspanplatten Ausgleichsfeuchtigkeiten oder Gleichgewichtsfeuchtigkeiten in Abhängigkeit von der Temperatur und der relativen Luftfeuchtigkeit ein.

Die Gleichgewichtsfeuchtigkeit wurde von Schneider mit einer Vakuum-Sorptionsapparatur untersucht (Schneider, 1973).

Es ist aber auch die einfachere Methode über die Lagerung von Proben in Klimakammern oder Klimaschränken möglich. Ausgleichsfeuchtigkeiten von Spanplatten wurden damit von Paulitsch (1974) aufgenommen.

Für orientierende Versuche können die relativen Luftfeuchtigkeiten auch in Exsikkatoren über gesättigte Salzlösungen eingestellt werden. Die Ausgleichsfeuchtigkeiten können dann nach Gewichtskonstanz der Probe berechnet werden.

Lück (1964, S. 59) gibt einige Salzlösungen an, mit welchen im Exsikkator folgende relative Luftfeuchtigkeiten erzielt werden können:

$LiCl$	–	10 %	relative Luftfeuchtigkeit
$MgCl_2$	–	35 %	" "
$Na_2Cr_2O_7$	–	53 %	" "
$NaCl$	–	77 %	" "
$CuSO_4$	–	98 %	" "

4.1.3 Feuchtigkeitsbedingte Abmessungsänderungen

Holzspanplatten verändern ihre Abmessungen bei Änderungen der Materialfeuchtigkeit. Die stärkste Quellung und Schwindung tritt bei Flachpreßplatten senkrecht zur Plattenebene auf und wird als Dickenquellung bzw.
Dickenschwindung bezeichnet. Stranggepreßte Spanplatten quellen in
Dickenrichtung weniger als in der Plattenebene. Abmessungsänderungen
in Plattenebene werden als Längenänderungen parallel oder senkrecht
zur Herstellungsrichtung bezeichnet. Meßtechnisch bieten diese Weg-
messungen keine grundsätzlichen Probleme (s. z.B. Rohrbach, 1967).
Fragen ergeben sich aus den Materialeigenarten.

4.1.3.1 Dickenquellung

Die Dickenquellung kann mit den üblichen Längenmeßeinrichtungen Meßuhr, Wegaufnehmer usw. erfaßt werden.

Die Messung ist für die Produktionskontrolle im Hinblick auf die Qua-
litätseinordnung der Spanplatten z.B. in DIN 52 364 festgelegt. Wegen
der höheren Geschwindigkeit der Quellung wurde Lagerung unter Wasser
vorgesehen. Ein Zusammenhang zwischen der Dickenquellung nach DIN und
der in der Praxis an großformatigen Platten auftretenden Dickenquellung
muß nicht immer deutlich werden, da im Gebrauch häufig die Dickenquellung durch Änderungen der Luftfeuchtigkeit induziert wird und zudem
über unterschiedliche lange Zeit vor sich geht und nicht bis zur Gewichtskonstanz anhält.

Materialtypisch ist das Verhalten bei der Trocknung der einmal ange-
feuchteten Proben.

Die Dickenquellung ist nicht vollständig reversibel.

Üblicherweise wird mit der Dickenquellung auch die **Wasseraufnahme** -
gemessen als Gewichtszunahme und berechnet als Prozent des Anfangs-
gewichtes - der Proben verfolgt.

4.1.3.2 Längenänderungen

Die Dimensionsänderungen in Plattenebene von Spanplatten haben durch
den steigenden Einsatz großflächiger Plattenelemente ständig an Beachtung gewonnen. Diese Längenänderungen sind durch eine angepaßte Fugen-
ausbildung bei Konstruktionen für Wände, Dächer und Fußböden zu berücksichtigen. Die Längenänderungen sind aber einerseits nicht so groß, daß

sie unbeherrschbar wären und die Verwendung der Spanplatten erheblich
erschweren, andererseits wird in den Längenänderungen eben doch dafür
eine Ursache gesehen, daß die Holzspanplatte begrenzte Anwendungsgebiete hat. Die anderen für den Innenausbau eingesetzten Platten, z.B.
Gipskartonplatten, weisen um bis zu einer Zehnerpotenz niedrigere Längenänderungen auf.

In einer von dem Europäischen Spanplattenverband geförderten Untersuchung wurden die Vor- und Nachteile von sechs Prüfverfahren im unmittel-
baren Vergleich festgestellt (Lempfer und Paulitsch, 1973). Die Ergebnisse sind in eine Empfehlung der FESYP (1980) eingeflossen.

Die verschiedenen veröffentlichten Meßverfahren sind in Tabelle 4.1
nach wesentlichen Kriterien analysiert und zusammengefaßt.

Grundsätzlich ist zwischen Messungen an den Schmalflächen und Messungen an den Plattenoberflächen zu unterscheiden.

Bei der Messung an den Schmalflächen können die Wegaufnehmer (Meßuhren) auf Meßmarken oder direkt auf die Schnittflächen der Spanplatten
gesetzt werden. In den USA sowie in Frankreich und Großbritannien sind
bereits Methoden genormt, nach welchen an den Schmalflächen ohne Meßmarken gemessen wird. Hierbei besteht allerdings - besonders bei hohen
Luftfeuchtigkeiten oder bei Wasserlagerung - die Gefahr, daß die Meßergebnisse durch einzelne, unregelmäßig aus der Querschnittsfläche
herausquellende Späne verfälscht werden (Endikott und Frost, 1967).

Auf der Oberfläche der Proben können die Abstandsänderungen der Meßpunkte mit mechanischen oder elektronischen Setzdehnungsmessern sowie
optischen Meßgeräten erfaßt werden. Setzdehnungsmesser übertragen die
Abweichung der Meßlänge von der durch das Gerät vorgegebenen Basis-
länge mit Hilfe eines beweglichen Meßfußes auf ein Anzeigegerät. Dieses
Anzeigegerät kann beispielsweise eine Meßuhr (mechanischer Setzdehnungsmesser) oder ein induktiver Wegaufnehmer mit Verstärker (elektro-
nischer Setzdehnungsmesser) sein. Werden die Abstandsänderungen sowohl
an der Ober- als auch an der Unterseite der Proben gemessen, so ist es
bei gekrümmten Proben möglich, mindestens rechnerisch die Biege- von
der Normaldehnung zu trennen.

Die während der Messung auftretenden Kräfte, z.B. durch die Federkraft
einer Meßuhr, wirken bei Messung an den Schmalflächen in Richtung der
zu bestimmenden Längenänderung, bei Messung an der Plattenoberfläche

Tab. 4.1 Einige Methoden und Prüfbedingungen zur Messung der Längenänderungen von Holzspanplatten

	ASTM D 1037	BS 1811	DIN 53 799*	NF B 51 264	BFH Hamburg
Meßmethode	Schmalfläche ohne Meßmarken	Schmalfläche ohne Meßmarken	-	Schmalfläche ohne Meßmarken	Oberfläche a) opt. Komp. b) mech. SDM
Meßkraft	$\triangleq$ Meßuhr	$\triangleq$ Meßuhr	-	$\triangleq$ Meßuhr	a) 0 b) $\ll$
Probengröße (mm)	l = 304 h = 76	l = 203 h = 13	l = 250 h = 50	l = 500 h = 100	l = 150 h = 50
Meßlänge (mm)	304	203	200	500	100
Grenzklimata Temperatur/ rel. Luftf.	20/90 zusätzl. 20/30	18/90 18/65 18/40	20/90 20/32	25/85 25/30	20/90 20/30
Bezugsklima	20/50	gedarrt	20/65	20/65	20/65
Klimatisie-rungsdauer	bis Gleich-gewicht	bis Gleich-gewicht	7 Tage	28 Tage	bis Gleich-gewicht

Tab. 4.1   Fortsetzung

	HWI Karlsruhe	WKI Braunschw.	Heebink (1967)	Suchsland(1870)	Neusser(1975)
Meßmethode	Schmalfläche mit Meßmarken	Oberfläche elektr. SDM	Oberfläche mech. SDM	Oberfläche opt. Komp.	Schmalfläche Kunststoff- kanten
Meßkraft	≙ Meßuhr	≪	≙ Meßuhr	0	?
Probengröße (mm)	l = 300 h = 300	l = 150 h = 50	l = 560 h = 19	l = 300	l = 185/265** h = 8/ 20
Meßlänge (mm)	300	100	510	250	185/265**
Grenzklimata Temperatur/ rel. Luftf.	20/90 20/65	20/90 20/30	vacuum pressure soak	?	30/95 30/15
Bezugsklima	20/65	20/65	gedarrt	?	f. Masse gedarrt f. Länge u. Dicke 20/65
Klimatisie- rungsdauer	bis Gleich- gewicht	bis Gleich- gewicht	ca. 22 h	?	2 Monate

 * gilt nicht für Spanplatten
** abhängig von der Plattendicke

im wesentlichen senkrecht dazu. Nur die von Suchsland (1970) einge-
führte Methode mit einem optischen Komparator arbeitet meßkraftfrei
(Bild 4.1).

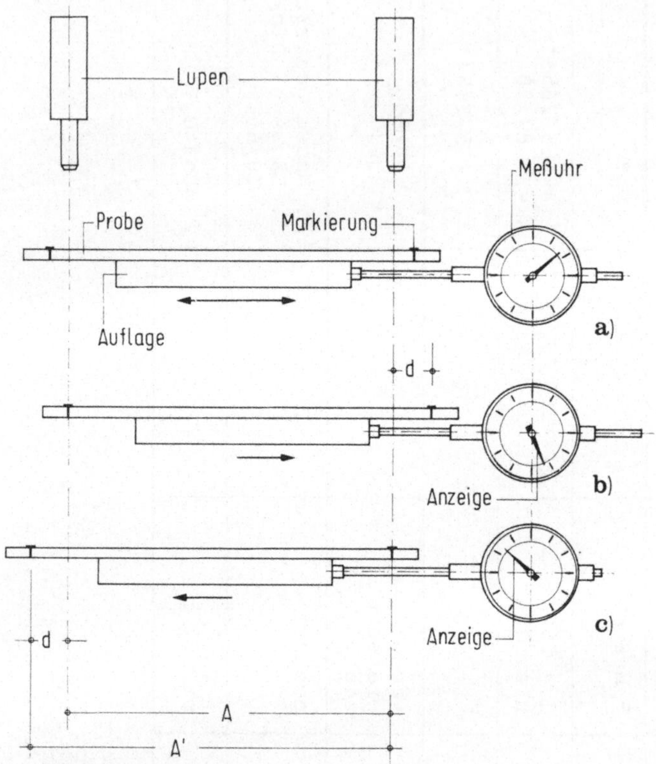

Bild 4.1   Schematische Darstellung der 'Längenmessung mit einem
           optischen Komparator (n. Suchsland,1970).

Von den verschiedenen Autoren wurden zahlreiche Probenkörperabmessun-
gen gewählt (s. Tabelle 4.1).

Diese reichen von langgestreckten stabförmigen (z.B. 560 mm x 19 mm,
Heebink, 1967) bis zu quadratischen Prüfkörpern (300 mm x 300 mm,
ehemaliges Forschungsinstitut Karlsruhe, HWI). Aufgrund der unterschiedlichen Feuchtigkeitsgradienten in den Prüfkörpern bei Feuchtigkeitsänderungen ist jedoch nicht auszuschließen, daß infolge der
behinderten Quellung bzw. Schwindung und den damit einhergehenden
Spannungen und deren Relaxation die Meßergebnisse beeinflußt werden.

Die Methode HWI erscheint für Spanplatten mit guter Formbeständigkeit
und nicht zu groben Mittelschichtspänen ausreichend (s. Bild 4.2).

Der Aufwand zum Einsetzen der Meßmarken ist im Vergleich zu den Verfahren mit Meßpunkten auf beiden Oberflächen gering. Die Meßmarken werden in die Schmalflächen eingesetzt und sorgen für einen formschlüssigen Kontakt mit dem Meßfühler einer Meßuhr und einem Auflagepunkt.

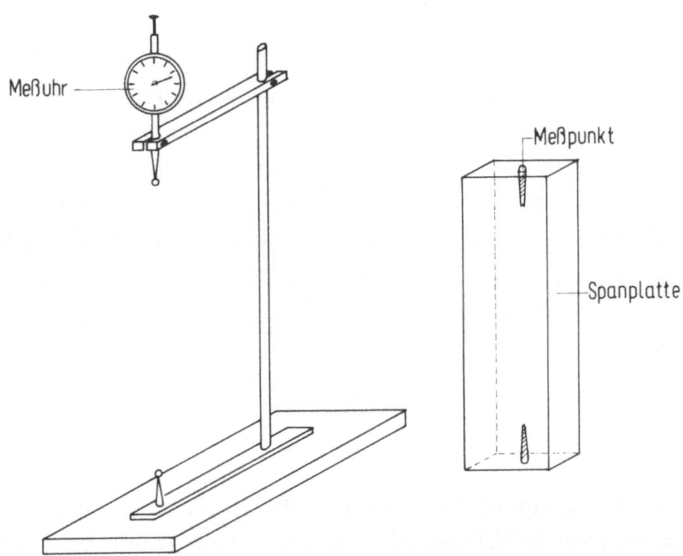

Bild 4.2: Methode HWI zur Messung der Längenänderung von Spanplatten mittlerer Dicke. Links: Meßgerät; rechts: Probekörper (50 mm x 300 mm x d) mit eingesetzten Meßmarken

Die Versuche lassen es zweckmäßig erscheinen, die Methode HWI nicht für dünne Spanplatten und auch nicht für zum Verzug neigende asymmetrische Spanplatten einzusetzen. Das NF-B-Verfahren hat wohl seine Grenzen bei Spanplatten mit großen Mittelschichtspänen oder mit offener Mittelschicht.

Für Holzwerkstoffe mit geringem Stehvermögen oder asymmetrischer Oberflächenveredelung muß der größere Aufwand beim Einsatz von Setzdehnungsaufnehmern auf die Oberflächen in Kauf genommen werden. Nur die beidseitige Messung der Längenänderungen ermöglicht die nachträgliche rechnerische Trennung der Biegedehnung von der Flächendehnung.

Für die Messung der Längenänderungen von Platten mit sehr poröser und unregelmäßiger Oberfläche, z.B. leichte Spanplatten, Holzwolleplatten oder zementgebundene Spanplatten, ist das Einbringen von festen Fixpunkten unerläßlich.

Meßmarken aus Messing oder anderem nicht rostendem Material können mit
einer Lehre positioniert und mit schnell härtendem Polyesterspachtel
befestigt werden.

Bei Messungen in unterschiedlichen Temperaturen ist die Wärmedehnung
der Geräte durch Vergleichsmessungen rechnerisch zu berücksichtigen.

Die von Carre (1976) eingesetzte Apparatur zur Messung der Dimensionsänderungen in Plattenebene besteht aus einem Rahmen, in den die Prüfkörper (100 x 200 mm) eingelegt werden. Über ein metallisches, nicht
rostendes Distanzstück werden die Dimensionsänderungen der Proben auf
die Meßuhr mit 1/100 Teilung übertragen. Mit Hilfe des Distanzstückes
soll vermieden werden, daß die Quellung einzelner Späne aus der Platte
die Messung verfälscht. Für die Eichung des Null-Punktes der Meßuhr
können metallische Stäbe verwendet werden, die entsprechend auf Länge
zu schleifen sind.

Dieses Verfahren ähnelt sehr der von Heebink (1967) vorgeschlagenen
Methode.

Die Messung der Längenänderungen wird üblicherweise nach Konditionierung der Probekörper in einem trockenen Klima (z.B. 20 °C / 30 % rel.
Luftfeuchtigkeit) durch anschließende Lagerung in feuchterem Klima
(z.B. 20 °C / 85 % rel. Luftfeuchtigkeit) durchgeführt. Um die vollen
Beträge der Längenänderungen ermitteln zu können, werden die Proben
bis zu Gewichtskonstanz im feuchten Klima gelagert. Dieses Vorgehen
kann je nach Probengröße und hygroskopischem Verhalten des Materials
sehr zeitaufwendig sein (4 bis 6 Wochen).

Barnes und Wang (1976) haben ein schnelles Verfahren zur Messung der
Längenänderungen eingesetzt, wobei die Korrelation zwischen den Längenänderungen in Luftfeuchtigkeitsänderungen mit der in einem vapor-
pressure-soak-Test (VPS-Test) sehr hoch sein soll. Barnes und Wang
geben einen Korrelationskoeffizienten von 0,89 bei einem Zeitaufwand
von nur 36 h an.

Der VPS-Test benötigt mindestens zwei Proben, wobei eine Probe bei
103°C getrocknet wird und die Länge gemessen wird. Die andere Probe
wird bei 22 °C in einem wassergefüllten Gefäß evakuiert. Der Unterdruck soll mindestens 22 inch (550 mm) Quecksilber betragen. Anschließend wird der Druck auf 40 psi = 2,8 kp/cm² = 2,76 x 10^5 Pa
erhöht. Die Proben verbleiben in dem unter Druck stehenden Gefäß für
22 Stunden und werden anschließend vermessen.

Die Längenänderungen werden berechnet nach:

$$\% \ L = (AL - OL) \times 10 + (SL - BL) \times 10$$

darin bedeuten

    % L - die Längenänderungen
    AL - Anfangslänge der zu trocknenden Probe
    OL - Endlänge der getrockneten Probe
    SL - Endlänge der wasserimprägnierten Probe
    BL - Anfangslänge der zu imprägnierenden Probe.

4.1.3.3 Stehvermögen

Das Stehvermögen beschreibt die Fähigkeit einer Holzspanplatte, die
vorgegebene Ebenheit unter verschiedenen klimatischen Bedingungen, aber
ohne äußere Lasten aufrecht zu erhalten (Neußer, Haidinger, Zentner,
1971). Je nach ihrem Stehvermögen werden sich Platten aus ebenen Flächen in kuppel-, sattel- oder propellerförmige Formen verziehen
(Gratzl, 1963). An anderem Ort wird aber unter Stehvermögen die Form-
änderung bei symmetrischen, d.h. zu beiden Seiten der Platten gleichartigen Klimabedingungen verstanden (Neußer et al., 1974; Winter und
Frenz, 1954).

Welche Formänderungen in der Praxis akzeptiert werden müssen, ist nicht,
z.B. als Grenzwert, in einem Standard festgelegt. Eine der wenigen
Arbeiten, in denen die Klassifizierung der Spanplatten hinsichtlich
ihrer Krümmung versucht wird, wurde am Holzforschungsinstitut in Wien
durchgeführt. Nach Neußer et al. (1971) werden Spanplatten mit einer
Biegepfeilhöhe bis 1 mm/lfm als eben eingestuft. Spanplatten mit gleichmäßiger Krümmung von 1 mm/lfm bis 2,5 mm/lfm werden als mäßig krumm
und Spanplatten mit noch stärkerer Krümmung werden als krumm klassifiziert. Als Grenze für die Funktionstüchtigkeit und tolerierbarer opti-
scher Wirkung werden 2,5 mm/lfm vorgeschlagen. Bei der Entwicklung von
Qualitätsmaßstäben für Verbundelemente aus Spanplatten und Hochdruck-
laminaten für Küchenmöbelfronten hat man die Krümmung von 2 mm/lfm als
Grenzwert angenommen.

Walter und Rinkepfeil (1960) schlagen vor, zur Messung des Stehvermö-
gens, d.h. der Verformungen, an aufrecht gestellten Platten die Durchbiegung mit Hilfe eines 1 m langen Meßuhrträgers zu messen. Sie empfehlen eine Neun-Punkte-Messung, wovon drei Punkte Auflager und Bezugs-

fläche für den quadratischen Probekörper bilden. Die Summe der Abweichungen der anderen sechs Meßpunkte ergeben ein Maß für das Stehvermögen. Diese Methode ist in TGL 4413 eingegangen. Bei der in TGL 4413
beschriebenen Methode werden Proben (300 mm x 300 mm x d) von einer
Seite mit Sattfeuchtluft, auf der anderen Seite mit Normalklima beauf-
schlagt. Die Messung der Verformung erfolgt mit sechs Meßuhren, die in
einem speziellen Rahmen befestigt sind.

Neußer et al. (1971) haben quadratische Spanplattenproben auf wassergefüllten Wannen flach aufgelegt und die Kanten mit Schaumstoff abgedichtet. Als Maß für das Stehvermögen wurde die Durchbiegung, gemessen
als Biegepfeil über die beiden Diagonalen gewählt. Auf der Außenseite
der Proben wurde das Normalklima 20°C/65 % relative Luftfeuchtigkeit
gewählt. Die Autoren sind davon ausgegangen, daß auf der dem Wasser
zugewandten Seite eine relative Luftfeuchtigkeit von ca. 97 % gewirkt
hat.

Neußer et al. (1971) weisen zu recht darauf hin, daß unter sonst
gleichartigen Bedingungen dünne, z.B. 8 mm dicke Spanplatten, stärkere
Verwerfungen zeigen als dickere Platten.

Szejka (1983) hat die Formbeständigkeit von Spanplatten mit einer weiteren Methode und nach TGL 4413 sowie der von Neußer et al. (1971)
beschriebenen gemessen.

Die Proben (400 mm x 400 mm x d) werden auf der einen Seite Normalklima
(20°C/65 % rel. Luftfeuchtigkeit) ausgesetzt und auf der anderen Seite
mit Wasserdampf belastet. Die Verformung wird im Schwerpunkt eines
gleichseitigen Dreiecks mit einer Meßuhr ermittelt, das auf die Plattenoberfläche gezeichnet wurde. Aufgrund der extremen Belastung mit
Wasserdampf wird damit das Verformungspotential erfaßt, nicht aber die
in der Praxis zu erwartenden Verformungen.

Diese vergleichende Prüfung der Formbeständigkeit hat ergeben, daß die
Reihenfolge der Formbeständigkeit der Platten bei drei untersuchten
Verfahren unterschiedlich ist. Solange die Zusammenhänge zwischen den
Meßverfahren noch nicht geklärt sind, sollte mit der Anwendung von
Schnellverfahren vorsichtig vorgegangen werden. Vielmehr sollten die
im praktischen Belastungsfalle wirkenden Klimadifferenzen simuliert wer-
den.

Dueholm (1976) hat das Verformungsverhalten von 1 m² großen Plattenabschnitten aufgezeichnet (s. Bild 4.3). Dazu wurden auf einem drehbaren
Arm induktive Wegaufnehmer befestigt. Die Wegaufnehmer befinden sich
in verschiedenen Abständen vom Mittelpunkt. Beim Drehen des Armes über
die verformte Platte werden die Abweichungen von der Planlage als kon-
zentrische Kreise aufgezeichnet.

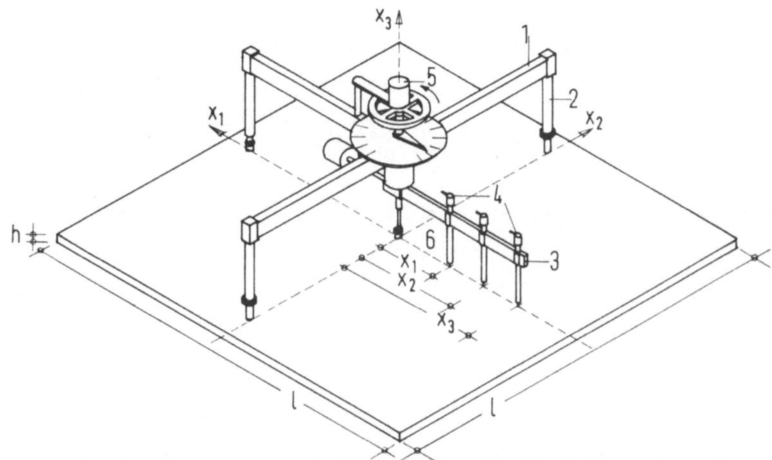

Bild 4.3: Methode zur Ermittlung des Verformungsverhaltens von quadratischen Plattenabschnitten mit der Seitenlänge l und der Dicke h
(n. Dueholm, 1976).
1 Tragrahmen des Meßsystems; 2 Auflagerbolzen; 3 drehbarer Hebel und
Träger der Wegaufnehmer (4); 5 Umdrehungsachse mit Winkelpotentio-
meter; 6 Mikrometer zur Messung des Abstandes zwischen der Nullebene
der Wegaufnehmer und dem Scheitelpunkt der Biegefläche
x_1, x_2, x_3 Abstände der Wegaufnehmer vom Scheitelpunkt

Für industrielle Sofortmessungen bietet sich das Schneiden von schma-
len Streifen aus aufeinander senkrecht stehenden Richtungen an. Diese
Streifen, meist gekrümmt, können dann entweder gegeneinander oder mit
den Endpunkten an ein Richtlineal gestellt werden. Die Verformung
wird im ersten Fall als größter Abstand zwischen den beiden Streifen
gemessen. Durch Halbieren des gemessenen Betrages erhält man die Krümmung. Im zweiten Fall wird die Länge des Biegepfeiles direkt als Krüm-
mungswert betrachtet (Allan, 1979).

Bei allen Untersuchungen über das Stehvermögen wird die Verformung
durch unterschiedliche Klimabedingungen an jeder Plattenseite hervorgerufen.

4.1.3.4 Quellungsdruckmessungen

Wenn die feuchtigkeitsbedingten Änderungen der Abmessungen von Spanplatten durch äußeren Zwang behindert werden, bauen sich in dem Material Spannungen auf. Diese sind Druckspannungen, wenn die Quellung
behindert wird. Zugspannungen entstehen bei Behinderung der Schwindun-
gen.

Sind die Spannungen in einer Spanplatte ungleich, wird sie sich ver-
formen. Quellungsdruck- bzw. Schwindungszugspannungen beeinflussen
also das Stehvermögen. Deshalb erscheint es sinnvoll, die Messung des
Quellungsdruckes von Spanplatten hier anzufügen.

Der Quellungsdruck verschiedener Spanplatten wurde bei behinderter
Dickenquellung von Stegmann und Kratz (1967) gemessen. Suchsland
(1976) hat Quellungsdruckmessungen bei behinderten Dimensionsänderungen in Plattenebene an Faserplatten durchgeführt. Das gleiche Verfahren
könnte auch für Quellungsdruckmessungen einzelner Spanplattenschichten
angewendet werden.

Die Voraussetzungen für Quellungsdruckmessungen sind relativ einfach.
Die Prüfkörper müssen starr in eine Vorrichtung mit Druckmeßdose eingespannt werden.

Bei Stegmann und Kratz (1967) wird der Druck über eine Kraftmeßdose
aufgenommen und mit einer statischen Trägerfrequenzmeßbrücke gemessen.
Ein beweglicher Gegendruckstempel ermöglicht die Anpassung. Die Probe
befindet sich in einer Wässerungsschale. Die Apparatur muß in ein kli-
matisierbares Gefäß oder in einen klimatisierbaren Raum gestellt werden, in dem dann die Feuchtigkeitserhöhung erfolgt.

4.1.4 Wasserdampfdiffusionswiderstand/Wasserdampfdurchlässigkeit

Zur Kennzeichnung eines Stoffes hinsichtlich seines Verhaltens bei
Dampfdiffusion dient der Diffusionswiderstandsfaktor. Diese Zahl gibt
an, um wieviel mal größer der Diffusionswiderstand eines Stoffes ist,
als der einer gleich dicken Luftschicht unter denselben Bedingungen.
Der Diffusionswiderstandsfaktor ist bei trockenen, grobporigen Stoffen
eine reine Materialeigenschaft (Schüle 1965). Die Wasserdampfdurchlässigkeit entspricht dem Kehrwert des Diffusionswiderstandsfaktors.

Die Wasserdampfdurchlässigkeit kann nach DIN 53 122, VN Ausgabe 1961
gravimetrisch bestimmt werden. Danach wird nach der "Schalenmethóde"
gearbeitet, die auch Grundlage ausländischer Standardisierung ist
(z.B. ASTM E 96).

Bei der Schalenmethode wird eine flache, meist runde Schale mit einem
Absorptionsmittel, einer gesättigten Salzlösung, oder mit Wasser gefüllt
und oben mit einer Probe des zu prüfenden Materials gasdicht abgeschlossen. Die Schale wird in eine Atmosphäre gestellt, deren Feuchtigkeitsgehalt von dem in der Schale möglichst deutlich unterschieden ist. Es
stellt sich nun ein Dampfdruckgefälle ein. Je nach der Potentialrich-
tung nimmt das Gewicht der Schale zu oder ab. Diese Gewichtsverände-
rung gilt als ein Maß für die Wasserdampfdurchlässigkeit. Die Wasserdampfdurchlässigkeit ist danach die Menge Wasserdampf, die in 24 h
durch einen Quadratmeter des zu prüfenden Stoffes diffundiert. Die
Bedingungen sind: 20°C, Luftfeuchtigkeitsgefälle von 0 % auf einer
Seite zu 85 % relative Luftfeuchtigkeit auf der anderen Seite bei einer
Luftumwälzung von mindestens 2,5 m/s. Dieses Gerät wird vorzugsweise
nur für dünne Werkstoffe, wie Lacke oder Anstriche, sowie dünne Spanplatten, um 8 mm, eingesetzt. Die Luftfeuchtigkeit von 0 % in der
Schale kann mit Silikagel oder Calciumchlorid eingestellt werden.

Eine einfache Probenhalterung für dicke Spanplattenproben hat Horn
(1969) entwickelt. Diese ist in Bild 4.4 wiedergegeben. Diese Vorrichtung wird in eine für längere Diffusionszeiten angepaßte Klimakammer
eingebaut. Die längeren Diffusionszeiten ergeben sich aus der Dicke
der Prüfkörper.

Lehmann (1971) hat die Diffusionswiderstandsfaktoren von Spanplatten
bei konstanten Diffusionsbedingungen ebenfalls nach der Schalenmethode bestimmt.

4.1.5 Porositätsanalyse

Sehr aufwendig sind die Verfahren zur Porengrößenanalyse und zur Ab-
schätzung der inneren Oberfläche von Spanplatten. Die Porengrößenver-
teilung von industriell hergestellten Spanplatten wurden in Finnland
mit Hilfe der Quecksilberporosimetrie gemessen (Sneck und Oinonen,
1970). Gemessen wurden die Poren von 180 Å bis 1.000 Å (ein Ångström

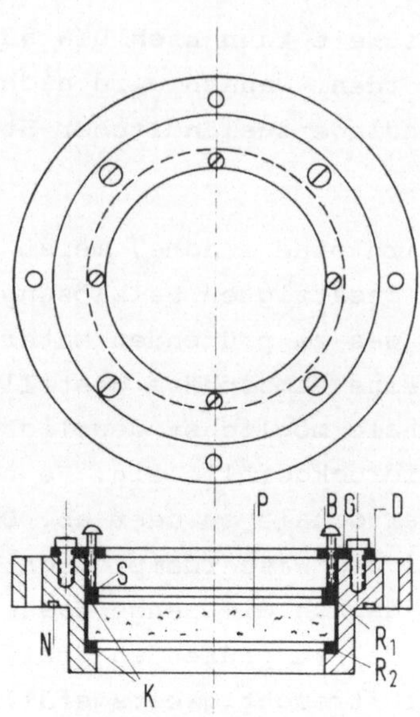

Bild 4.4: Probenhalterung für Spanplatten zur Ermittlung der Wasser-
dampfdurchlässigkeit von Holzspanplatten nach der Schalenmethode
(n. Horn, 1969)
P - Prüfkörper
R_1, R_2 - abdichtende Rundschnurringe
S - Stahlring zum Anpressen der Rundschnurringe
D - tragender Drehkörper
G - oben abdeckende Gewindeplatte mit Spannschraube B

entspricht 10^{-7} mm). Bei Schneider (1979) findet sich die neueste Diskussion der Möglichkeiten der Quecksilberporosimetrie für die Untersuchung von Holz.

Auch die **Luftdurchlässigkeit** kann als ein Maß für die Porosität von
Spanplatten angesehen werden. Lehmann (1971) hat die Luftdurchlässigkeit senkrecht zur Plattenebene von Spanplatten gemessen. Bei Drücken
von 0,45 bis 8,97 mm Quecksilber wurden Durchflußmengen von 2,38 bis
0,02 cm³/sec. erreicht.

Die innere Oberfläche von Spanplatten hat Lehmann (1971) mit Aufnahme
von flüssigen Gasen (Krypton) bei Temperaturen von -195°C (in flüssi-
gem Stickstoff) erfaßt.

4.2 Rohdichte

Die Dichte eines Stoffes wird beschrieben mit dem Quotienten aus Masse
und Volumen. Die Dichte homogener Stoffe läßt sich leicht aus der Masse
(bestimmt durch Wägung) und dem Volumen (Bestimmung der Abmessungen)
ermitteln. Bei inhomogenen Werk- oder Baustoffen, wie z.B. Holzspanplatten mit Poren, ist auf diese Art nur der "Mittelwert" innerhalb
der Abmessungen des Prüfkörpers bestimmbar. Inhomogenitäten in der
Fläche oder über den Querschnitt können mit diesem Verfahren nur durch
Untersuchung ausreichend kleiner und deshalb zahlreicher Probekörper
erkannt werden. Die Rohdichte, auch das spezifische Gewicht von Holzspanplatten, wird im allgemeinen bei Ausgleichsfeuchtigkeit im Normalklima bestimmt und angegeben. Wurde die Dichte von absolut trockenem
Material ermittelt, spricht man von der Darrdichte.

Die konventionelle Ermittlung der Dichteverteilung mittels Wägung über
größere Strecken bzw. Querschnitte ist langwierig. Gerätetechnisch aufwendigere Verfahren ermöglichen häufigere Untersuchungen über Höhe und
Inhomogenität der Rohdichte und führen schneller zum Ergebnis. Außerdem ermöglichen sie eine genauere Bestimmung der Inhomogenität der
Dichten.

4.2.1 Flächenrohdichteverteilung

Um die Dichtenunterschiede großflächiger Holzspanplatten zu bestimmen,
empfiehlt sich ein konstantes Schema der Prüfkörperentnahme. Nach fest-
gelegter Vorschrift werden z.B. neun Proben 2,5 x 2,5 cm² in regelmäßi-
gen Abständen über die Platten verteilt entnommen. Häufig wird an den
Kreuzungspunkten von drei Längslinien, Rand links, mittig, rechts und
von drei Querlinien, vorne, mittig und hinten, Material aus großformatigen Platten entnommen. Auf ausreichenden Abstand vom Plattenrand ist
zu achten.

4.2.2 Rohdichteprofil

Als Rohdichteprofil wird die Veränderung der Rohdichte senkrecht zur
Plattenebene (über den Querschnitt) einer Holzspanplatte bezeichnet.
Üblicherweise nimmt die Rohdichte von beiden Außenseiten zur Mittel-

schicht hin ab. Bei ungeschliffenen Platten findet man in den äußersten Zonen (je nach Plattendicke und Verfahrenstechnik) etwas niedrigere Rohdichten als in tiefer liegenden Schichten. In jedem Fall liegt
bei mittelschweren Holzspanplatten die Rohdichte der äußersten Millimeter erheblich über der Dichte der dazugehörenden Mittelschicht. Bei
den MDF (Medium Density Fiberboard) wird eine sehr ausgeglichene Rohdichteverteilung über den Querschnitt angestrebt.

4.2.2.1 Schichtweise Rohdichtebestimmung

Die "Absolutwerte" der Dichten einzelner Schichten können ohne größeren apparativen Aufwand durch **Aufschneiden** von Spanplatten in einzelne
Schichten mit deren Volumen- und Gewichtsbestimmung festgestellt
werden. Die Dichten der Schnittfugen werden durch Interpolieren bei
der graphischen Darstellung der Schichtrohdichten ermittelt. Begrenzt
wird die Aussagefähigkeit der Rohdichteprofile, die mit diesem Verfahren ermittelt werden, durch die niedrigste Dicke der abzuschneidenden
Schichten. Je nach Plattentyp, insbesondere Festigkeit des Spanverbundes, liegen die Schichtdicken, die abgeschnitten werden können, bei
1 bis 2 mm.

Aber auch durch schichtweises Abschleifen oder Abhobeln läßt sich die
Veränderung der Rohdichte über den Querschnitt feststellen. Hierbei
wird von den äußeren Schichten ausgegangen und die Dichte der verbleibenden Spanplatte bestimmt.

Diese handwerklichen Methoden erfordern äußerst sorgfältiges Arbeiten,
um gleichmäßig dicke Schichten abzuarbeiten und um die Dicke möglichst
genau bestimmen zu können. Einen Apparat, um möglichst dünne Spanplattenschichten schneiden zu können, hat Stevens (1978) beschrieben. Mit
diesem Apparat sollen 0,25 bis 10,00 mm dicke Schichten abgeschert
werden können. Bei leichten Spanplatten (Rohdichten kleiner als etwa
0,5 g/cm³) ist es schwieriger, Schichten unter 1 mm Dicke herzustellen
als bei Spanplatten mit Rohdichten von 0,6 bis 0,7 g/cm³.

Um die Rohdichten dünnerer Schichten bestimmen zu können, wurden zahlreiche Ansätze beschrieben, die alle anstreben, die Veränderung der
Rohdichte in Spanplatten senkrecht zur Plattenebene möglichst kontinuierlich zu beschreiben.

Schnee et al. (1976) haben zur Ermittlung der Rohdichteprofile an industriell hergestellten Spanplatten eine Präzisionsbohrmaschine mit einer

stufenlos einstellbaren Bohrtiefeneinrichtung gebaut. Die Spanschich-
ten werden mit einem plangeschliffenen Astlochbohrer (70 mm Durchmesser) abgetragen. Die Dicke der Schichten konnte von 0,1 bis 5 mm be-
liebig variiert werden. Nach dem Wiegen des Probekörpers wird er (100
x 100 mm² x d) in einem Rahmen unter dem Bohrer fixiert. Beim stufen-
weisen Abbohren der Schichten sind für jede Schicht Dicke und Gewicht
des verbleibenden Probekörpers festzustellen. Aus den Differenzen zwischen den einzelnen Dicken und Gewichten wird die Dichte der jeweils
abgebohrten Schicht berechnet.

4.2.2.2 Drehmomentmessung

Paulitsch und Mehlhorn (1973) haben Rohdichteprofile ermittelt, indem
der Widerstand, der einem senkrecht zur Spanplattenoberfläche vorge-
triebenen Bohrer entgegengebracht wird, mit Hilfe einer Drehmoment-
messung registriert wird. Dazu wurde ein handelsüblicher Kunstbohrer
mit Hartmetallbestückung von 35 mm Durchmesser in eine Meßwelle ein-
geschraubt. Die Meßwelle, auf die Dehnungsmeßstreifen im Winkel von
45° zur Achse kreuzweise aufgeklebt sind, wird zum Schutz der Dreh-
momentmessung, und um besseren Spanabtransport zu ermöglichen, mit
einem Schutzrohr umgeben.

Der Bohrer und die Proben werden in eine Drehmaschine eingespannt. Das
Durchdrücken der hinteren Spanplattenschichten, bei zunehmendem Eindringen des Bohrers, kann durch Unterlegen mit einer anderen Spanplattenprobe vermieden werden.

4.2.2.3 Röntgenstrahlendensitometrie

Auch werden zur Ermittlung der Rohdichte seit langem (z.B. Polge, 1969)
strahlenanalytische Methoden angewendet.

Ranta und May (1978) haben ein Verfahren beschrieben, bei dem ein
Schrittmotor die zu messende Oberfläche der Probe in Intervallen an
einem Strahlerspalt vorbeibewegt. Für die Versuche wurde das Radio-
nuklid 241 Am mit einer Gammaenergie von 60 keV als Strahlenquelle und
ein NaJ (TI) Scintillationszähler als Detektor benutzt. Der Blendenspalt beträgt 0,1 mm, womit Dichtewerte für jeweils 0,1 mm breite
Schichten erhalten werden. Das Rohdichteprofil von Spanplatten kann
also in 0,1 mm dicken Schichten erfaßt werden. Für bestimmte Fragestellungen, z.B. die Analyse von Schichten direkt unter der Oberflä-

chenveredelung oder an der Deckschicht, ist dieser Blendenspalt leider
zu breit. Dem Vernehmen nach kann ein schmalerer Spalt jedoch wegen der
Streuung der Strahlen nicht ohne weiteres verwendet werden.

Für die Analyse der Deckschichtrohdichten und deren feinster Unterschiede haben Neusser et al. (1974) mit Röntgenstrahlen Aufnahmen von
4 mm dicken Längsstreifen von Spanplatten angefertigt. Bereiche höherer
Dichte weisen dunklere Grautöne auf. Je niedriger die Dichte ist, desto
hellere Grautöne stellen sich auf dem Röntgenfilm ein. Nähere Angaben
über die Art der Strahlenquelle und Wellenlänge wurden nicht gemacht.

Vehlow und Büttner (1978) haben ebenfalls ein Gerät zur Messung von
Dichteverteilungen in Holzwerkstoffen mit Hilfe der Radionuklidtechnik
beschrieben. Die Autoren erläutern ein Verfahren, mit dem die Dichtemessung automatisch durch Absorption von Strahlen in einem vorwähl-
baren, zweidimensionalen Raster möglich ist. Durch Vorschub mittels
Schrittmotor wird die Zuordnung von Absorption mit der Probendurch-
strahlungsstelle eindeutig. Bei Kenntnis des Massenschwächungskoeffi-
zienten und der Dicke eines Stoffes kann dessen Dichte nach der Impuls-
messung berechnet werden.

Ein Kollimator dient zur Parallelisierung der Strahlen (45 mm Länge,
Blei). Zur Fokussierung wurde ein weiterer Blei-Kollimator von 20 mm
Länge und 1 bis 2 mm Durchmesser montiert. Um die Randfehler bei den
äußersten Schichten zu eliminieren, muß ein Kollimator von 1 mm Durchmesser eingesetzt und die Durchstrahlzeit auf 4 min. erhöht werden.
Mit diesem Verfahren sind Dichteunterschiede von 0,01 g/cm^3 nachweisbar. Gute Übereinstimmung ergab sich mit konventionell bestimmten Werten. Es werden Proben von 150 x 20 x d mm benutzt und die Dichtewerte
von 0,25 mm dicken Schichten bestimmt.

Steiner et al. (1978) haben die Röntgen-Strahlen-Densitometrie zur Bestimmung des Rohdichteprofils von wafer boards angewendet. Die Transmissionswerte weicher Röntgenstrahlung liefern die Dichteprofile, indem die Grauwerte mit Hilfe eines kalibrierten Graukeils auf einen
Film aufgenommen werden. Von dem Film werden die Grautöne radiogra-
phisch abgenommen und als Kurven aufgezeichnet. Die Transmissionswerte
ergeben Dichteprofile, die gut mit den konventionell (gravimetrisch)
ermittelten übereinstimmen.

4.3 Nachträgliche Formaldehydabgabe

Die Charakterisierung von Holzspanplatten bezüglich ihrer nachträglichen Formaldehydabgabe war in den vergangenen 2 Jahrzehnten Gegenstand
umfangreicher Untersuchungen.

Je nach der besonderen Fragestellung wurden verschiedene Methoden entwickelt. Im Rahmen der Vorarbeiten zu einer einheitlichen Baubestimmung
über die Verwendung von Holzspanplatten in der Bundesrepublik Deutschland wurden Prüfverfahren beurteilt und ausgewählt. Mit der Verabschiedung der "Richtlinie über die Verwendung von Spanplatten hinsichtlich
der Vermeidung unzumutbarer Formaldehydkonzentration in der Raumluft"
ist ein wesentlicher Abschnitt erreicht. Auch die Bemühungen zu einer
europäischen Meßmethode für die nachträgliche Formaldehydabgabe sind
mit der Verabschiedung der EN 120 im Oktober 1984 einen Schritt weiter
gekommen.

Die Vielzahl der beschriebenen Methoden können nach verschiedenen Kriterien gruppiert werden. Die Methoden sollen hier nach den methodi-
schen Schritten gegliedert werden. Im Prinzip erfolgt die Bestimmung
der nachträglichen Formaldehydabgabe in drei Stufen:

1. Extraktion des Formaldehyds aus dem Untersuchungsmaterial
2. Absorption des Formaldehyds in wässrigen Lösungen
3. Bestimmung des Formaldehyds in Lösung.

Die Extraktion des Formaldehyds erfolgt entweder mit einem Lösungsmittel oder als Gasextraktion. Die Gasextraktion kann an zerkleinerten
Spanplatten oder an unzerkleinerten Spanplattenabschnitten - ohne Zerstörung des Gefüges - festgestellt werden.

Als Absorptionsmedien für das Formaldehydgas wurde Wasser, Kochsalz-
lösung, Acetylaceton in wässriger Lösung, Natriumbisulfitlösung oder
Purpald vorgeschlagen. Für die quantitative Bestimmung des absorbier-
ten Formaldehyds werden die Jodometrie oder photometrische Verfahren
eingesetzt.

Die verschiedenen Methoden vermittelt Tabelle 4.2.

Mit Hilfe der Lösungsmittelextraktion wird das vollständige Formaldehydabgabepotential von Spanplatten-Prüfkörpern ermittelt. Die bekann-
teste Methode, die nach diesem Prinzip arbeitet, ist die **Perforator-**

Tabelle 4.2   Methoden zur Bestimmung der nachträglichen Formaldehyd-
              abgabe

Extraktions-mittel	Absorptionsmedium	Analyse	Autor
Lösungsmittelextraktion			
Toluol	Wasser	Jodometrie	FESYP-Perforator-methode,1975
Gasextraktion - mit Auflösung des Spanplattengefüges			
Luft	Chromotropsäure	Photometrie	Mikrodiffusionsmethode Plath,1966 Brunner, 1978
	Wasser	Jodometrie	Stöger, 1965
	Wasser	Jodometrie/ Photometrie	Foliensackmethode Petersen et al., 1972
Gasextraktion - ohne Auflösung des Spanplattengefüges an kleinen Proben			
Luft	Wasser	Jodometrie/ Photometrie	WKI-Flaschentest Roffael,1975
	Kochsalzlösung	Photometrie	CHR-Methode
	Natriumbisulfit	Chromotopsäure	TNO-Methode (Gasanalyse)
		Jodometrie	Wittmann,1962
	Acetylaceton	Photometrie	Brunner,1978
		Photometrie	Saug- und Spaltmethode Mohl,1978
	Purpald	Photometrie	Skiest,1980
- ohne Auflösung des Gefüges an großformatigen Platten			
	Wasser	Photometrie	Prüfkammerverfahren
	Indikator		Prüfröhrchenmethode Großkopf,1961

methode. Diese Methode wurde für die FESYP entwickelt (Verbestel 1967).
In einer eigens als FESYP-Apparatur entwickelten Glasapparatur, die
auch in der europäischen Norm EN 120 beschrieben ist, werden Prüfkörper mit siedendem Toluol extrahiert und der extrahierte Formaldehyd
an destilliertes Wasser abgegeben (Bild 4.5). Der Formaldehydgehalt
dieser wässrigen Lösung wird nach
EN 120 jodometrisch bestimmt und
auf das atro-Plattengewicht bezogen. Es ist erwähnenswert, daß
die Perforatormethode aber nur
einen Materialkennwert liefert,
der über die Formaldehydabgabe
unter hydrolytischen Bedingungen
nur beschränkt aussagekräftig ist.
Zudem ist ein Einfluß der Spanplattenfeuchtigkeit auf das Meßergebnis nachweisbar.

Die weiteren beschriebenen Methoden arbeiten nach dem Prinzip der
Gasextraktion. Dabei wird ein
Luftstrom über bzw. durch zerkleinerte oder unzerkleinerte Spanplattenproben und anschließend
durch mehrere hintereinander geschaltete Waschflaschen geleitet.
Die Apparaturen für die Gasanalyse sind im Grundsatz der

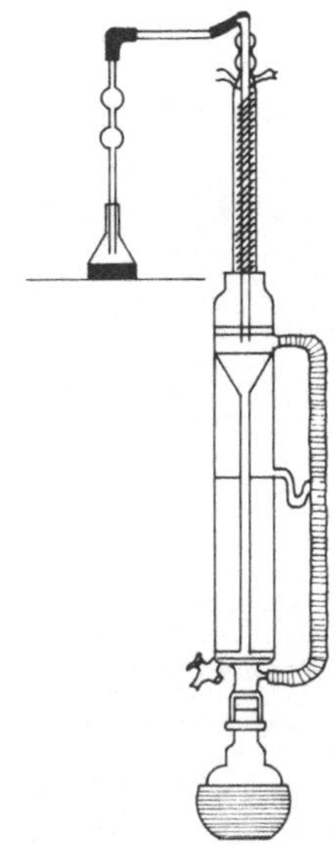

Bild 4.5 Glasapparatur zur Ermittlung des Formaldehydabgabepotentials
von Spanplatten nach dem Perforator-
Verfahren

von der FESYP entwickelten Prüfapparatur (s. Bild 4.6) ähnlich. Es
wird nicht das gesamte Formaldehydabgabepotential bestimmt, sondern
im wesentlichen das mit den jeweiligen Extraktionsbedingungen aktivierbare Potential.

Je höher Temperatur und relative Luftfeuchtigkeit der jeweiligen Extraktionsbedingungen sind und je länger die Extraktion durchgeführt wird,
desto näher kommt der ermittelte Wert der Formaldehydabgabe an das
Abgabepotential nach der Perforatormethode heran.

Die Gasextraktionsmethoden können unterschieden werden nach solchen mit
Auflösung des Spanplattengefüges und solchen, wobei die Extraktion nur

an unzerstörten kleinen Spanplattenproben erfolgt. Werden Gasextraktionsmethoden an großen
Platten durchgeführt, sind Prüfkammern erforderlich. Man spricht
dann von den Kammerverfahren.

Bei den früheren Untersuchungen über den Formaldehyd in
Spanplatten standen noch verleimungstechnische Fragen im
Vordergrund.

Um den Formaldehyd möglichst
vollständig und in kurzer Zeit

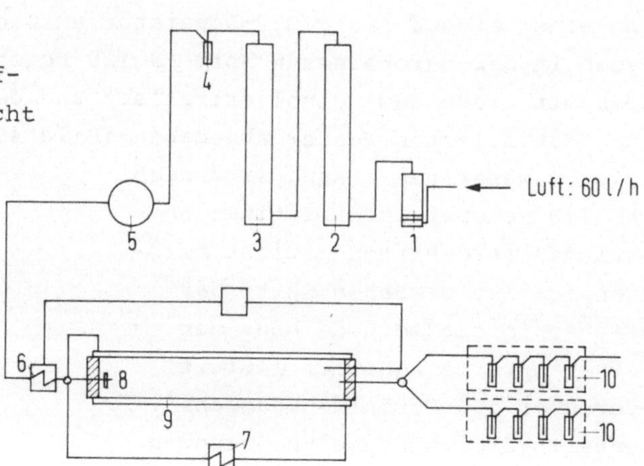

erfassen zu können, bot sich
die Zerkleinerung des Untersuchungsmaterials an.

Plath (1966) hat dazu die
Mikrodiffusionsmethode eingesetzt. In einem kleinen luft-
abgeschlossenen Gefäß, der
Convay-Schale, wandert der
Formaldehyd aus 1 g feinge-
mahlenem Spanplattenpulver in
eine innere Kammer, in der das
Gas von Chromotropsäure absorbiert wird. Infolge der Gas-

Bild **4.6** Apparatur zur Analyse des
Formaldehydgehaltes von Luft (Gas-
analysemethode der Europäischen
Förderation der Verbände der Spanplattenindustrie, FESYP)
1 Waschflasche mit Natriumsulfitlösung
2 Zylinder mit Chlorcalzium
3 Zylinder mit Kieselgel
4 Gaswäscher
5 Gasdurchflußmesser
6 Lufterhitzer mit Thermostat
7 Wasserheizung für konstante Rohr-
  temperatur
8 Gasfilter, Porosität O
9 Ausscheidungsvolumen
10 Absorptionsflaschen (30 ml aqua
   dest pro Flasche)

absorption erniedrigt sich der Formaldehyd-Partialdruck im äußeren
Gefäßteil, so daß Formaldehyd aus dem Spanplattenpulver weiter ent-
weicht.

Bei der **Gasanalysenmethode nach Stöger** (1965) wird ein Luftstrom mit
definierter Temperatur und relativer Luftfeuchtigkeit mit kontrollier-
barer Geschwindigkeit durch zerkleinertes Spanplattenmaterial hindurch-
geleitet. Der aus dem Spanplattenpulver entwichene Formaldehyd wird
in Gaswaschflaschen aus der Luft absorbiert. Die Formaldehydabgabe
kann dann jodometrisch quantitativ erarbeitet werden.

Eine wichtige Labormethode zur Ermittlung der Formaldehydabgabe während des Pressens wurde von Petersen et al. (1972) beschrieben. Aus

Bild **4.7** ist zu entnehmen, daß das Spanmaterial nach der Beleimung auf
eine Folie gestreut wird.

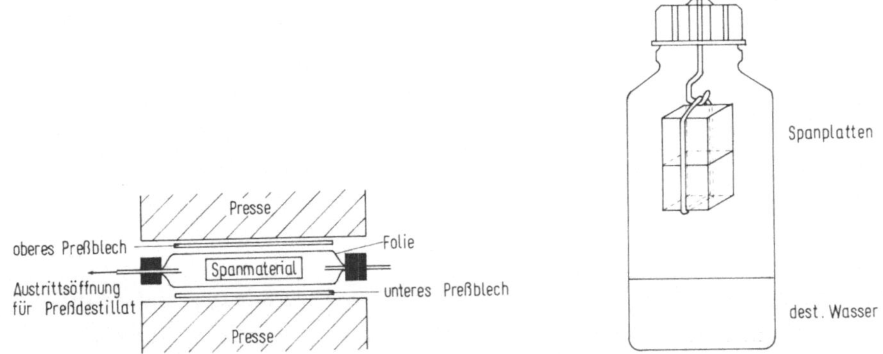

Bild **4.7** Versuchsanordnung für
die Foliensackmethode zur Erfassung der Formaldehydabgabe beim
Pressen (n. Petersen et al.
1972)

Bild **4.8** Versuchsanordnung beim
WKI-Flaschentest

Das Spanvlies wird mit einer weiteren Folie abgedeckt. Je ein Ventil
für den Einlaß des Spülgases und den Austritt des Preßdestillates
werden miteingeschweißt. Die Folienteile werden zu einem **Foliensack**
verschweißt. Der eingeschweißte Spankuchen wird zwischen Distanz-
leisten in die Presse gelegt. Nach Abschluß des Preßvorganges wird der
Formaldehyd mittels eines Spülgases in Wasser oder Natriumsulfitlösung
geleitet und darauf qualitativ bestimmt.

Diese Methode eignet sich besonders für die Untersuchung der Formaldehydabgabe verschiedener Leimharze bei unterschiedlichen Preßbedin-
gungen. Rückschlüsse auf die Formaldehydabgabe an großen Pressen
können zumindest aus den Relationen zwischen den Formaldehydabgabe-
werten gezogen werden.

Am weitesten Verbreitung gefunden haben die Methoden, die es erlauben,
unzerkleinerte Prüfkörper aus Spanplatten zu untersuchen.

Roffael (1975) hat den **WKI-Flaschentest** entwickelt (s. Bild 4.8).
Aus den Platten werden 25 x 25 mm x Dicke große Proben geschnitten
und zur Feuchtigkeitsbestimmung gedarrt. Diese Proben werden in einer
500 ml fassenden Polyäthylenflasche über 50 ml destilliertem Wasser
aufgehängt. In den fest verschlossenen Flaschen, die in der Regel bei

40°C in einem Trockenschrank aufbewahrt werden, wird Formaldehyd im
Wasser absorbiert. Nach der Aufbewahrung im Trockenschrank muß die
Flasche eine halbe Stunde in Eiswasser gestellt werden, um die vollständige Absorption zu ermöglichen. Der absorbierte, aus den Spanplattenproben frei gewordene Formaldehyd kann jodometrisch oder photometrisch bestimmt werden. Diese Methode hat den Vorteil, daß die Form-
aldehydabgabebeträge weitgehend unabhängig von der Feuchtigkeit der
Spanplattenproben sind. Der Untersuchungszeitraum kann nach Untersuchungen von Roffael verkürzt werden, wenn dem Absorptionswasser ein
mit Formaldehyd quantitativ umsetzbares Reagenz (z.B. Acetylaceton)
beigegeben wird.

Nach Untersuchungen von Roffael (1982) besteht ein statistisch gesi-
cherter Zusammenhang zwischen den Meßwerten, die mit der Flaschen-
methode nach 24 h gewonnen werden und dem Perforatorwert.

Er fand ebenfalls einen engen Zusammenhang mit den Werten aus Prüf-
kammerversuchen. Diese Beziehungen werden nicht selten in den Betrie-
ben herangezogen, um den Flaschentest der aufwendigeren Perforatormethode vorziehen zu können.

Für die niederländische Standardisierung - CHR Broschüre 78-4 Particle-
board - wurde diese Methode modifiziert, indem anstelle des Wassers als
Absorbens gesättigte NaCl-Lösung in ein 400 ml Glasgefäß gefüllt wird
(Durchmesser 85 mm).

Die verschlossenen Glasgefäße werden bei 40°C im Trockenschrank während neun Tagen gelagert. Dabei stellt sich über der NaCl-Lösung eine
relative Luftfeuchtigkeit von etwa 75 % ein. Damit entsprechen die
Extraktionsbedingungen sicherlich extrem warmen Witterungsbedingungen
in Mitteleuropa. Man kann daher erwarten, das in der Praxis eintre-
tende Formaldehydabgabepotential zu erfassen. Nach 24 h, 48 h, 168 h
und 192 h wird die NaCl-Lösung jeweils ausgetauscht. Nach dem letzten
Austausch bleibt die Probe nach 24 h zur Extraktion im Glas.

Anschließend wird der Formaldehyd aufgrund der Gelbfärbung mit der
Reaktion mit Acetylaceton, das bei 412 μ ein Absorptionsmaximum
zeigt, analysiert. Die Extinktionskoeffizienten werden spektrophoto-
metrisch (Carey Model 14) gemessen.

In den Niederlanden, TNO Delft, wurde auch eine modifizierte FESYP-
Methode als Gasanalysenmethode standardisiert.

Dabei wird das Untersuchungsmaterial, eine 170 x 170 mm große Spanplattenprobe, nach einwöchiger Konditionierung bei 20°C und 50 % relativer
Luftfeuchtigkeit in einem auf 60°C erwärmten gasdichten Gerät für 1
Stunde gelagert. Der frei gewordene Formaldehyd wird dann mit Vakuum
13,3 kPa (10 cm Hg) aus dem Ofen in zwei Waschflaschen mit Na-Bisulfitlösung absorbiert. Die erste Waschflasche enthält 30 ml, die zweite
10 ml einer 0,1 %igen Na-Bisulfitlösung. Die absorbierte Menge Formaldehyd wird nach der Chromotropsäuremethode quantitativ festgestellt.

Nach ähnlichem Prinzip arbeitet die Gasanalysenmethode von Wittmann
(1962). Jeweils zwei 530 x 440 mm große Spanplattenabschnitte werden
über 2 h bei 70°C und 50 % relativer Luftfeuchtigkeit in einem gasdichten Klimaschrank gelagert. Dabei wird Formaldehyd an die Luft abgegeben. Nach 2 h werden aus dem Klimaschrank 60 l Luft abgesaugt und
in eine Absorptionsflüssigkeit geleitet. Danach wird der Formaldehydgehalt jodometrisch ermittelt. Aus dem Jodverbrauch errechnet Wittmann
die "Jodzahl", die mit der Menge abgegebenem Formaldehyds korreliert.

Brunner (1978) hat ein der Mikrodiffusionsmethode ähnliches Vorgehen
zur Formaldehydbestimmung entwickelt. Auf eine Spanplattenprobe (mindestens 20 x 20 cm² Fläche) wird eine Petrischale mit 45 mm hohem
Rand und 170 mm Durchmesser mit der Öffnung zur Spanplattenoberfläche
gestellt. Diese große Petrischale umhüllt eine kleine Petrischale mit
10 ml Acetylaceton. Die umgekehrte große Petrischale muß auf der
Spanplattenoberfläche fugendicht anliegen. Nach Konditionierung des
Systems über 4 h bei 20 bis 22°C wird der vom Acetylaceton aufgenommene Formaldehyd bestimmt.

Auch die **Saugmethode** nach Mohl (1978) bedient sich des Acetylacetons
als Formaldehydbinder.

Mit Hilfe einer Saugglocke, die auf die zu untersuchende Spanplatte
aufgesetzt wird, wird ein bestimmtes Luftvolumen aus der Spanplatte
angesaugt und in ein Gefäß mit Absorptionsflüssigkeit geleitet. Der
Formaldehyd wird dann mit Acetylaceton photometrisch ermittelt. Eine
Abwandlung dieser Methode stellt die **Spaltmethode** dar.

Mit der in Amerika entwickelten "Doppelgefäß-Methode" (Skiest, 1980)
wird die aus einer Spanplattengröße (125 x 630 mm x Dicke) freiwer-
dende Menge Formaldehyd nach 24 h an Purpald absorbiert und anschliessend photometrisch quantifiziert.

Für die schnelle Beantwortung von Fragen bezüglich der Raumluftkonzen-
trationen von Formaldehyd haben sich **Prüfröhrchen** bewährt. Bei diesen
Prüfröhrchen wird die Formaldehyd enthaltende Luft mit einer Saugvor-
richtung in das Prüfrohr angesaugt. In dem Prüfröhrchen befindet sich
auf einem Träger eine Indikatorsubstanz. Die Länge der sich ausbilden-
den verfärbten Schicht wird als Maß für die Formaldehydkonzentration
angesehen. Die Prüfröhrchen werden meist für Konzentrationen von 0,2
bis 10 ppm angewendet. Die Messung kann mit Fehlern bis zu 20 % be-
haftet sein. Ausführlich wurde die Röhrchenmethode von Großkopf (1961)
beschrieben.

In die in der Bundesrepublik Deutschland gültige "Richtlinie über die
Verwendung von Spanplatten hinsichtlich der Vermeidung unzumutbarer
Formaldehydkonzentrationen in der Raumluft" wurde ein Beurteilungsver-
fahren aufgenommen, mit dem es möglich ist, unter wirklichkeitsnahen
Abmessungen der Spanplatten und umgebenden Luftmengen, die Formaldehyd-
konzentration in der Raumluft zu messen. Dieses Verfahren wird als
Prüfkammerverfahren bezeichnet.

In den Prüfkammern wird die Formaldehydabgabe großformatiger Spanplatten oder von Möbeln bei verschiedenen Klimabedingungen, Luftwechsel-
zahlen und Expositionszeiten bestimmt.

Die Formaldehydkonzentration der Prüfkammerluft wird im allgemeinen
photometrisch erfaßt.

Prüfkammerverfahren werden seit mehreren Jahren in den USA (Lehmann,
1982) und Japan (Matsumoto 1974), in den skandinavischen Ländern und
in der Bundesrepublik Deutschland eingesetzt.

Die Prüfkammer des Fraunhofer-Instituts für Holzforschung in Braunschweig, die für die Klassifizierung von industriell hergestellten Spanplatten zugelassen ist, hat die Innenabmessung 2,4 x 2,8 x 6,4 m. Die
Gleichgewichtskonzentrationen können im Temperaturbereich von 5°C bis
50°C und bei relativen Luftfeuchtigkeiten von 30 % bis 90 % sowie bis
zu 4fachem Luftwechsel pro Stunde eingestellt werden.

Bei vielen Gasextraktionsverfahren wird der Luftstrom nach dem Durch-
strömen des Untersuchungsmaterials in eine wässrige Lösung eingeleitet.
Die Lösung soll den im Luftstrom transportierten Formaldehyd absorbie-
ren. Anschließend wird der Formaldehyd der Lösung analytisch bestimmt.
Die Formaldehydkonzentration wird mit untenstehender Gleichung berechnet (s. z.B. Roffael, 1982).

$$C_v = 2.78 \ \frac{273 + t_g}{P_a - P_g} \ \cdot \ \frac{K}{Z}$$

In dieser Gleichung bedeuten:

C_v = Formaldehydkonzentration in ppm

t_g = Temperatur des Luftstromes in °C

P_g = Unterdruck im Gasmengenmesser in mbar

P_a = Luftdruck in mbar

K = Formaldehydkonzentration in mg

Z = Luftvolumen, aus dem Formaldehyd

absorbiert wurde in m³.

Während die Temperaturen und Drücke sowie das Volumen an der Gasprobennahmeapparatur abzulesen sind, muß die Formaldehydkonzentration aus der angereicherten Flüssigkeit analytisch bestimmt werden.

Die Analyse des Formaldehyds kann bei den beschriebenen Verfahren jodometrisch (titrimetrisch) oder photometrisch erfolgen.

Bei der **jodometrischen Analyse** wird wie folgt vorgegangen:

0,5 g Probe werden in Wasser eingebracht und im Meßkolben auf 500 ml aufgefüllt. 50 ml der Lösung werden mit 50 ml 0,1 n Jodlösung und danach mit 10 ml 2 n NaOH versetzt. Die Lösung bleibt ca. 15 min. stehen.

Danach wird mit 15 ml 2n H_2SO_4 angesäuert und das ausgeschiedene Jod mit 0,1 n $Na_2S_2O_3$-Lösung unter Zusatz von Stärke titriert. In gleicher Weise wird ein Blindversuch durchgeführt.

Der Verbrauch von 1 ml 0,1 n $Na_2S_2O_3$ entspricht 1,5 mg H_2CO (Formaldehyd).

Die Jodometrie spricht nicht nur auf Formaldehyd alleine an. Neben Formaldehyd werden alle mit Jod unter den Bestimmungsbedingungen oxidierbaren Stoffe gemessen. Bei der Perforatormethode können dies andere aus dem Holz extrahierbare Substanzen und solche, die mit Jod im alkalischen Medium reagieren, sein.

Demzufolge kommt man bei der jodometrischen Bestimmung auch zu höheren Werten des Formaldehydgehaltes als bei der photometrischen Bestimmung.

Als **photometrische Analyseverfahren** sind die Chromotropsäuremethode und die Acetylacetonmethode erwähnenswert. Dies sind die wohl gebräuchlichsten Analysenverfahren (Anon, 1984).

Grundlage der **Chromotropsäuremethode** (1,8-Dihydroxynaphthalin-3,6-Disulfonsäre) ist die Reaktion zwischen der Chromotropsäure und einem Kondensationsprodukt mit rotvioletter Farbe, dessen optische Dichte bei 570 bis 580 nm bestimmt werden kann. Diese Reaktion findet bei einem Überschuß an Schwefelsäure in Gegenwart von Sauerstoff statt. Die optische Dichte korreliert mit der Konzentration des Formaldehyds. Es ist zu beachten, daß die Chromotropsäurelösung wegen ihrer begrenzten Haltbarkeit frisch angesetzt werden muß.

Die Durchführung der Messung: 4 ml einer verdünnten Formaldehydprobelösung werden mit 0,5 ml einer 10 %igen Chromotropsäurelösung versetzt. Nach halbstündiger Erwärmung der Lösung bei 90°C und Abkühlung auf Raumtemperatur wird auf 25 ml aufgefüllt und anschließend gegen Wasser bei 570 nm photometriert. Der Gehalt an Formaldehyd ist an einer Kalibrierkurve zu ermitteln.

Die **Acetylacetonmethode** basiert auf der Reaktion von Formaldehyd mit Acetylaceton in Anwesenheit von Ammoniumionen zu einem gelben Farbstoff. Das Reaktionsprodukt hat sein Absorptionsmaximum bei 412 nm - 415 nm. Zur Durchführung wird empfohlen,10 ml der wässrigen Probelösung mit 10 ml einer 20 %igen Ammoniumacetatlösung zu versetzen.
Dann werden 10 ml Acetylacetonlösung zugegeben. Die Lösung wird dann 10 min. in einem 40°C Wasserbad erwärmt und nach Abkühlung auf Raumtemperatur bei 412 nm gegen Wasser photometriert. Der Formaldehydgehalt ergibt sich aus einer Korrelation, die mittels Eichverdünnung aufgenommen werden kann.

Die chemischen Analyseverfahren wurden auf Basis der Beschreibungen von Roffael (1982) aufgeführt. Die Durchführung dieser Analysen erfordert nicht unerhebliche Erfahrung, so daß der Kontakt zu einem Institut oder chemisch ausgebildeten Mitarbeiter dringend empfohlen wird.

4.4 Wärmetechnische Eigenschaften

Zur wärmetechnischen Prüfung von Baustoffen gehören die Messungen der spezifischen Wärme, der Wärmeleitfähigkeit und des Wärmedurchlaßwiderstandes.

Diese Messungen können heute meist nur unter extrem idealisierten Bedingungen durchgeführt werden. Beispielsweise muß für die Messung der

Wärmeleitfähigkeit ein homogener und stationärer Wärmestrom eingestellt
werden. Damit werden Holzspanplatten und andere Prüfkörper jedoch unter
Bedingungen geprüft, die im Anwendungsfall nur selten beobachtet werden.
Durch Sicherheitszuschläge und Umrechnungsfaktoren wird versucht, die
Rechenwerte an die Werte im Bau selbst anzupassen.

Um unter praxisnäheren Bedingungen prüfen zu können, wird erhöhter Aufwand notwendig. Beispielsweise können die Baustoffe oder Bauteile als
Trennwand zwischen zwei Klimakammern eingesetzt werden. Die wärme- und
feuchtigkeitstechnischen Messungen können bei beidseitig gleichen oder
unterschiedlichen Temperaturen und relativen Luftfeuchtigkeiten durchgeführt werden. Zusätzlich ermöglichen Beregnungsanlagen oder UV-Strah-
ler die Simulation extremer Witterungsbedingungen. Traditionelle Verfahren mit idealisierenden Randbedingungen werden aber weiterhin Bedeutung behalten, nicht zuletzt infolge der hohen Investitionskosten von
Klimakammermessungen und der weiteren aufwendigen Versuchsdurchführung
sowie der geringen Anzahl von Instituten, in denen diese Messungen
möglich sind.

Die **Formbeständigkeit** in der Wärme ist bei Spanplatten immer im Zusammenhang mit dem Stehvermögen und den Dimensionsänderungen bei Feuchtigkeitsänderungen zu sehen.

Wärmeänderungen bedingen Änderungen im Feuchtigkeitsgehalt, wodurch
Quellung bzw. Schwindung induziert werden. Da die feuchtigkeitsbedingten Dimensionsänderungen die wärmebedingten weit überwiegen, werden
die Methoden zur Ermittlung der Formbeständigkeit im Kapitel über die
Feuchtigkeitsänderungen besprochen.

4.4.1 Spezifische Wärme

Unter der spezifischen Wärme wird die Wärmemenge verstanden, die notwendig ist, um 1 kg eines Stoffes um 1 Grad K zu erwärmen. Die Meßein-
heit ist Ws/kg K (Wattsekunde pro kg und Grad Kelvin). Die spezifische
Wärme von Festkörpern (feinkörnig oder kompakt) wird aus der Endtempe-
ratur berechnet, die sich nach dem Wärmeaustausch mit einer Flüssigkeit
bekannter Ausgangstemperatur ergibt.

Aus der Temperaturzunahme des einen Körpers und der Temperaturabnahme
der Flüssigkeit läßt sich die spezifische Wärme berechnen. Bekannt sein

müssen die Temperatur und Masse des Prüfkörpers. Bei der Prüfflüssigkeit darf der Prüfkörper keine endotherme oder exotherme Reaktion aus-
lösen. Bei Flüssigkeitskalorimetern kann eine Meßgenauigkeit von $\pm$ 2 %
erreicht werden (Schulze, 1975).

Mit der Differential-Thermoanalyse, DTA, können ebenfalls ausreichend
genaue Werte ermittelt werden (Bartnig et al., 1977, S. 293 ff.). Dieses
Verfahren arbeitet nach dem Aufheizprinzip. Dabei führt man eine be-
kannte Wärmemenge zu und bestimmt die entstehende Temperaturänderung.

Die spezifische Wärme von Holz liegt zwischen 0,317 und 0,337 Ws/kg K; l
absolut trockenem Zustand und Temperaturen von 0 bis 107 °C ist sie
jedoch auch feuchtigkeitsabhängig (Kollmann et al. Bd. I, S. 245 f,
1968). Messungen an Holzspanplatten sind bis jetzt in der zur Verfügung
stehenden Literatur nicht beschrieben worden.

4.4.2 Wärmeleitfähigkeit

Die Wärmeleitfähigkeit eines Baustoffes gibt diejenige Wärmemenge in
Wh an, die in 1h durch 1 m² einer 1 m dicken Schicht eines homogenen
Stoffes hindurchtritt, wenn der Temperaturunterschied zwischen beiden
Oberflächen 1 °K beträgt. Nach dem ISO-Einheitensystem ist die Meßein-
heit W/mK   und entspricht ca. 1,16 von der früher gebräuchlichen Maß-
einheit kcal/mhgrd. Für die Messung der Wärmeleitfähigkeit werden Plat-
tengeräte eingesetzt (Schulze, 1975; Schneider, Engelhardt, 1977; Cammerer, 1970; Kollmann u. Malmquist, 1956; White u. Schaffer, 1981).

Es ist zwischen Ein- und Zweiplattengeräten zu unterscheiden. Mit den
Plattengeräten soll ein möglichst senkrecht durch den Prüfkörper gehen-
der homogener Wärmestrom erzeugt werden. Das Poensgensche Zwei-Platten-
Gerät (s. Schulze 1975) besteht aus einer mittenliegenden Heizplatte
und jeweils einer oben und unten liegenden Kühlplatte. Zwischen der
Heizplatte und den Kühlplatten werden zwei plattenförmige Prüfkörper
eingelegt. Heizplatte, Kühlplatten und Prüfkörper werden von hoch wär-
medämmendem Material abgedichtet. Das Temperaturgefälle zwischen Heiz-
und Kühlplatten wird durch elektrische Heizung bzw. Wasserkühlung auf
10 °K konstant geregelt.

Die Wärmeleitfähigkeit (λ) wird aus Messungen am Zweiplattengerät nach
folgender Gleichung ermittelt (Schulze, 1975):

$$\lambda = \frac{Q \times sm}{2A\ (tmw - tmk)} \quad (W/mK)$$

Darin bedeuten:

$$Q \quad = U \cdot \dot{I} \cdot T \ (Wh)$$

$$U \quad = \text{Spannung (V)}$$

$$I \quad = \text{Stromstärke (A)}$$

$$T \quad = \text{Zeitdauer der Leistungsaufnahme (h)}$$

$$A \quad = \text{Fläche der Heizplatte } (m^2)$$

tmw = mittlere Temperatur beider Prüfkörper
an der warmen Oberfläche (°C)

tmk = mittlere Temperatur beider Prüfkörper
an der kalten Oberfläche (°C)

sm = mittlere Dicke der beiden Prüfkörper (m)

Häufiger eingesetzt werden Ein-Plattengeräte. Bei diesen Geräten wird
die Wärme von einer Heizplatte abgegeben und fließt durch den plattenförmigen Prüfkörper in Richtung auf die eine Kühlplatte. Die Wärmeleitfähigkeit wird aus den Temperaturunterschieden nach Erreichen eines
konstanten Wärmestromes berechnet. Nach Schulze (1975) darf der Wärme-
leitweit der zu prüfenden Materialien nicht über 2,3 W/mK liegen.

Die richtige Interpretation der Meßergebnisse und die Reproduzierbarkeit der Messungen werden wesentlich von der Homogenität der Prüfkörper bestimmt. Die Schwankungen von Dicke und Dichte sollten unter
10 % liegen. Ferner sollten die Prüfkörper nicht kleiner sein als die
Heizplatte. Die Spanplatten sollen weitestgehend eben geschliffen sein
so daß zwischen Heiz- bzw. Kühlplatte und Prüfkörper keine luftgefüll-
ten Hohlräume entstehen. Die Dicke der Prüfkörper sollte nicht mehr
als 4/10 der Kantenlänge der Heizplatten betragen. Um Schwankungen auszuschließen, sollten Dicke, Dichte und Feuchtigkeit des Prüfkörpers
gemessen werden. Das Ein-Plattenverfahren ist z.B. in DIN 52 612 genormt (Bestimmung der Wärmeleitfähigkeit mit dem Plattengerät).

Seit dem Erscheinen der DIN 52 612 im Jahr 1959 erfolgt die Ermittlung
der Wärmeleitfähigkeit bei Prüfinstituten in der Bundesrepublik Deutschland im Ein-Plattenverfahren. Eine vergleichende Darstellung der Wärmeleitfähigkeit von Baustoffen findet sich bei Schüle et al. (1972).

Nanassy und Szabo (1978) haben zusätzlich die Gradientenmethode eingesetzt. Sie fanden für technische Erfordernisse befriedigende Übereinstimmung zwischen dem Plattenversuch und der Gradientenmethode.

Bei der **Gradientenmethode** wird eine kleine, ringförmige Wärmequelle in
die Probe eingebracht und der Temperaturanstieg im Mittelpunkt des von
der Wärmequelle umschlossenen Ringes mittels Thermoelement gemessen.

Im Temperaturbereich von -30 bis +30 °C wurde ein linearer Anstieg der
Wärmeleitfähigkeit von Spanplatten festgestellt (Nanassy u. Szabo,1978)
Innerhalb des hygroskopischen Bereiches ist die Wärmeleitfähigkeit line-
ar mit der Feuchtigkeit korreliert (Kühlmann,1962).

Der Wärmedurchlaßwiderstand ist der Quotient aus der Materialdicke d
und der Wärmeleitfähigkeit λ , also d/λ . Der Kehrwert λ /d wird als
Wärmedurchlaßzahl bezeichnet. Beide Werte sind für wärmetechnische Berechnungen, z.B. für die Wärmeleitzahl mehrschichtiger Wände, von zen-
traler Bedeutung (DIN 4 108).

4.4.3 Wärmespeicherfähigkeit

Die Wärmespeicherfähigkeit eines Baustoffes bezeichnet seine Eigenschaft
zugeführte Wärme aufzunehmen und bei Abkühlung der Umgebung wieder abzu-
geben. Sie wird rechnerisch als das Produkt aus der spezifischen Wärme,
der Rohdichte und der Wanddicke bzw. der Dicke der einzelnen Schichten
berechnet. Bei mehrschichtigen Wänden ergibt sich die Wärmespeicherfähigkeit aus der Summe der Speicherfähigkeiten der Einzelschichten.

4.5 Brandverhalten

Die Prüfung von Baustoffen auf deren Verhalten im Brand ist besonders
schwierig, weil eine große Zahl verschiedener Faktoren den tatsächli-
chen Brandablauf beeinflussen. Mit den Prüfverfahren wird deshalb versucht, die verschiedenen Phasen im Brandverlauf zu simulieren und das
Verhalten der Baustoffe unter reproduzierbaren Bedingungen, die für
alle Baustoffe möglichst gleichartig sind, zu beobachten und zu klassi-
fizieren.

Für Baustoffe spezifische Eigenschaften, die das Brandgeschehen beeinflussen, sind (Röbert,1974):

Der **Zündpunkt** ist diejenige Temperatur, bei der sich ein Baustoff bei
Wärmeeinwirkung selbst entzündet.

Die **Entflammungstemperatur** ist die niedrigste Temperatur, bei der die
beim Brennen entwickelten Dämpfe von selbst weiterbrennen.

Der **Heizwert** entspricht der bei vollständiger Verbrennung freiwerden-
den Wärmemenge je Masseneinheit (kcal/kg). Der untere Heizwert ist der
Heizwert, bei dem der im Rauchgas vorhandene Wasserdampf nicht konden-
sieren kann.

Die **Abbrandgeschwindigkeit** gilt als Maß für den Gesamtabbrandfort-
schritt eines brennenden Stoffes je Zeiteinheit (kg/h x m²).

Die **Wärmeleitfähigkeit** gibt die Wärmemenge an, die in 1 h durch 1 m²
einer 1 m dicken ebenen Stoffschicht im stationären Zustand geleitet
wird, wenn der Temperaturunterschied zwischen beiden Oberflächen
1 Grad beträgt.

Die **spezifische Wärme** ist die Wärmemenge, die notwendig ist, um 1 kg
eines Stoffes um 1 Grad zu erwärmen.

Nach der zeitlichen Entwicklung eines Brandes lassen sich die Phase
der Zündung, das Entstehungsfeuer und der vollentwickelte Brand unterscheiden. Bezogen auf einen Baustoff ergibt sich dann eine Dreiteilung
des Brandverlaufs in:

    Zündung
    Oberflächenausbreitung des Feuers
    Eindringen des Brandes in die Tiefe des Baustoffes.

Mit den Prüfmethoden wird nun das Verhalten in jeder dieser drei Phasen
beobachtet. Eine Bewertung dieser Beobachtungen ermöglicht dann die
Aufstellung und Einordnung der Baustoffe in Klassen.

Die Phase der Zündung und des Entstehungsfeuers wird mit dem ISO-Ofentest bei nicht brennbaren Baustoffen simuliert. Die Weiterleitung des
Feuers durch die brennenden Baustoffe wird im Brandschachtversuch bewertet und schließlich werden Bauteile in dem Brandkammerversuch bei
vollentwickeltem Brand beobachtet (s. Tabelle 4.3).

Eine Zusammenstellung über die in verschiedenen Ländern eingesetzten
Brandschächte und die dabei gewählten Versuchsbedingungen haben Östman und Back (1977) mit der Tabelle 4.4 gegeben. Daraus sind die unterschiedlichen Belastungen der Proben mit Wärmeenergie in kW/m² zu entnehmen. Die Tabelle vermittelt ferner die Luftmengen, die im Brandver-

<u>Tabelle 4.3</u>: Zusammenhang zwischen den Phasen des Brandverlaufes, dem
Verhalten der Baustoffe, den Prüfverfahren und Prüfbedin-
gungen sowie den daraus folgenden Einstufungen gemäß
DIN 4102, nach Meyer-Ottens (1969).

Phasen des Brandverlaufs	Verhalten von Baustoffen u. Bauteilen	Prüfverfahren	Prüfbeding.	Einstufung nach d. bauaufsichtl. Bestimmungen
1. Zündung, Entstehungsfeuer	Entflammen der Baustoffe	ISO-Ofentest	750°C, 15 Min. Beflammung	Klasse A (nicht brennbar)
2. Flammenausbreitung bis zum flashover-point	Feuerweiterleitung durch .brennende Baustoffe	Brandschachtversuch DIN 4102 Blatt 1	RL^1 35cm/ $125°C^6$ RL 15cm/ 200°C	Klasse A 2^3 Klasse B 1 (schwerentflammbar)
3. Voll entwickelter Brand	Raumaufheizung, Feuerwiderstand d. Bauteile	Brandkammerversuch, DIN 4102, Blatt 2	ISO-(ETK-) Brandkurve Temp.- 140°C+RT Raumabschluß	F 30 (feuerhemmend) (feuerbeständig) 4,5 F 120 (feuerfest) F 180 (hochfeuerfest)
4. Durchtritt d. Feuers	Eindringen d. Feuers in die $Bauteile^2$	Brandkammerversuch DIN 4102, Blatt 2	ISO-(ETK-) Kurve, Löschversuch, Restdicke, kein Rauchdurchtritt	-

1 RL = Restlänge, RT = Raumtemperatur, Befeuerung nach ISO-Standardkurve = Einheitstemperaturkurve (ETK) nach DIN 4102.

2 Verlust der raumabschließenden Wirkung.

3 Für Baustoffe der Klasse A 2: a) verschärfter Brandschachtversuch,
b) Alternativprüfung: ISO-Ofentest oder Heizwertbestimmung (Massenheizwert kleiner als 1000 kcal/kg, Flächenheizwert kleiner als
4000 kcal/m².

4 Für Klasse F 90: Baustoffe der Klasse A vorgeschrieben.

5 Bei Wänden Ausnahme möglich: Wenn nur A 2, jedoch nicht F 90 vorgeschrieben, dann auch Baustoffe der Klasse B zugelassen im Einzelgenehmigungsverfahren.

6 Zul. Abgastemperatur.

Tabelle 4.4: Brandbedingungen in verschiedenen Brandschächten

	Mittlere Heizleistung je Probe kW/m^2	Luftzufuhr je Brandschacht-volumen min^{-1}	Anzahl und Größe der Prüfkörper cm	Zu messende Größen
Belgien "Reaction to fire"	33	mindest. 1, nicht kontrolliert	1 Probe 30 x 40	6 Größen[1]
Bundesrepublik Deutschland Brandschacht, DIN 4102	32	160	4 Proben 19 x 100	Restlänge nicht beschädigter Probe
Frankreich Essais par rayonnement	30	nicht gemessen	1 Probe 30 x 40	vier Indikatoren[2]
Niederlande NEN 3883	8-24	nicht gemessen	2 Proben 29 x 29	Notwendige Strahlung für Flammenausbreitung nach 15 min.
Skandinavien "Wärmebox" Br-4	18	14	4 Proben 23 x 23	Veränderung der Gastemperatur und des Rauchs
Groß-Britannien Fire Propagation BS 476, Part 6	10-44	nicht kontrolliert	1 Probe 23 x 23	Zeitabhängiger Index berechnet aus Gastemperatur
USA und Canada 25 foot-Tunnel ASTM E-84	23	10	1 Probe 50 x 760	3 Indizes aus Flammenausbreitung, Rauch, Heizwert

1) basierend auf Energiepotential, Brennbarkeit, Flammenausbreitung, Durchbrand, Wärmebeitrag und Rauchgaseigenschaften

2) basierend auf Entzündungszeit, Flammenlänge und Temperatur

such fließen. Auch die beim Brandversuch zu beobachtenden Meßwerte,
wie z.B. die Restlänge unverbrannter Proben oder die Flammenausbreitung, führen zu einer unterschiedlichen Beurteilung der Brennbarkeit
der Spanplatten.

Zur Vereinheitlichung der Prüfbedingungen wurden von der Internationalen Standardisierungsorganisation (ISO) Prüfmethoden für sechs Merkmale entwickelt (s. auch Östman, 1981):

   Unbrennbarkeit (non-combustibility)
   Entzündbarkeit (ignitability)
   Heizwirkung (rate of heat release)
   Flammenausbreitung (surface spread of flame)
   Rauchgasentwicklung (smoke development)
   Giftigkeit der Brandgase (gas toxidity).

Eine schematische Übersicht über die Anforderungen an Baustoffe nach
DIN 4102 findet sich in Tabelle 4.5 (Gressel, 1980c; Meyer-Ottens, 1969).

Ein A 2-Baustoff soll neben einer hohen Zündtemperatur praktisch keine
Flammenausbreitung auf der Oberfläche zulassen und darf nur bei einer
äußeren Wärmezufuhr brennen. Beim Brand darf die Wärmeentwicklung aus
dem Baustoff nur gering sein. Bei der alternativ für die Einstufung
in Klasse A 2 zugelassenen DIN-Ofenprüfung ergeben sich nach Deppe
und Ernst (1977) bessere Chancen für Holzwerkstoffe als bei der Prüfung auf Heizwert bzw. Flächenheizwert im Kleinprüfstand und Kalori-
meter.

Neben diesen genormten Prüfverfahren, die die Grundlage für die Anwendbarkeit von Holzspanplatten im Bauwesen festlegen, wird in nationalen und internationalen Labors mit anderen Methoden gearbeitet, um
das Verhalten von Werkstoffen in anderen Anwendungsbereichen (z.B.
Schiffbau) zu studieren oder werkstofftypische Verhaltensweisen zu
untersuchen (z.B. Tropfenbildung bei Kunststoffen unter Feuereinwir-
kung). Einen anschaulich illustrierten Einblick in die Vielfalt der
z.T. aufwendigen Brandschutzprüfungen erhält man beim Studium der Broschüre von Seekamp und Bub (1970) oder der Mitteilungen der Deutschen
Gesellschaft für Holzforschung (1973) sowie des Holz-Brandschutz-Hand-
buchs (Kordina und Meyer-Ottens, 1983).

White und Schaffer (1981) beschreiben die im amerikanischen Holzforschungsinstitut in Madison eingesetzten Verfahren, um das Verhalten

Tabelle 4.5: Klasseneinteilungen und Anforderungen an Baustoffe nach
            DIN 4102 - Schematische Übersicht in Kurzform nach
            Meyer-Ottens (1969)

Baustoff- klasse	Anforderungen
A 1	Ofenversuche: 5 Probekörper 50 mm x 40 mm x 40 mm. 1. Kein Entflammen, ohne Glimmen, keine entzündbaren Gase 2. Keine Erhöhung der Ofentemperatur über 50 K gegenüber der Ausgangstemperatur von 750°C bis 15 min Prüfdauer; steigt die Temperatur noch an, so erfolgt Verlängerung bis zu Max.
A 2	Brandschachtversuche: 3 Probekörper mit je 4 Proben mit den Abmessungen 190 mm x 1000 mm x Plattendicke, Zeit 10 min. 1. Mittelwerte der unzerstörten Restlänge $\geq$ 35 cm, kein Einzelwert kleiner als 20 cm. 2. Maximale Rauchgastemperatur $\leq$ 125°C. 3. Keine Flammenbildungen auf den Probenrückseiten. 4. Keine sonstigen Beanstandungen, insbes. hinsichtlich Rauchdichte und Toxizität der Brandgase. Kleinbrandversuche: 2 Proben 500 mm x 500 mm x Dicke 5. Freiwerdende Wärmemenge muß $\leq$ 4000 kcal/m² sein. Heizwertbestimmung: Bombenkalorimeter-Versuch 6. Heizwert H_u muß $\leq$ 1000 kcal/kg sein. Alternativ zu den Versuchen 5 + 6 dürfen Ofenversuche wie bei der Klassenbestimmung A 1 durchgeführt werden. Dabei gelten folgende Anforderungen: 5 a. Kein Entflammen oder Glimmen und keine entzündbaren Gase mehr als insgesamt 20 sec während der Prüfdauer von 15 min. 6 a. Keine Erhöhung der Ofentemperatur über 50 K gegenüber der Ausgangstemperatur von 750°C bis 15 min. Prüfdauer.
B 1	Brandschachtversuche: 3 Probekörper mit je 4 Proben wie bei A 2. 1. Keine Probe darf vollständig verbrennen. 2. Der Mittelwert der unzerstörten Restlänge muß 15 cm sein, kein Einzelwert = 0. 3. Die mittlere Rauchgastemperatur muß $\leq$ 200°C sein. 4. Keine sonstigen Beanstandungen.
B 2	Kleinbrennerversuche: Mit Kanten- und Flächenbeflammung. Flammenspitze darf bei keiner Probe die Probenoberkante vor Ende der 20. sec erreichen.
B 3	Kleinbrennerversuche: mit Kanten- und Flächenbeflammung. Flammenspitze erreicht die Probenoberkante bereits vor Ende der 20. sec.

von Spanplatten im Brandfall zu untersuchen. Dort wird in den 20 x 20
inch großen Laborspanplatten die Temperaturausbreitung bei einseitigem
Feuer mit Thermoelementen in einem gasbefeuerten Ofen gemessen. Dazu
wird die Spanplattenprobe als eine den Brennraum umschließende Wand
in den Ofen eingebaut. Die Temperaturführung des Feuers erfolgt nach
einer in ASTM E 119 festgelegten Zeit-Temperatur-Kurve.

Die Flammenausbreitung und die Rauchgasentwicklung wird in Amerika bei
horizontaler Flammenausbreitung in horizontalen Tunnelöfen untersucht.
In dem 25 foot-Tunnelofen werden vorher bei 73 °F (22 °C) und 50 %
relativer Luftfeuchtigkeit konditionierte 20 inch x 24 foot große
Spanplattenproben als obere Abschlußfläche des Tunnels eingebaut. Die
Flamme wird unter der Platte im Tunnel an einem Ende durch zwei Gas-
brenner erzeugt, so daß die Flammen von einem Tunnelende ausgehend
von unten an die Spanplatten angreifen und sich dort ausbreiten. Zusätzlich kann der Luftstrom im Tunnel gesteuert werden. Dieses Verfahren ist für Baumaterial vorgeschrieben (ASTM E 8479 b).

Der 8 foot-Tunnel wurde im Holzforschungsinstitut in Madison speziell
für Forschungs- und Entwicklungsaufgaben entwickelt und ist inzwischen ebenfalls in die Standardisierung eingegangen (ASTM E 286-69).
Nach Konditionierung bei 80 °F und 30 % relative Luftfeuchtigkeit werden 13,75 inch x 8 foot große Proben geprüft.

Schwab (1972) hat einen Flammkanal konzipiert, in dem die Flammenausbreitung für gut brennbare plattenförmige Baustoffe ohne äußere Brenn-
gaszufuhr gemessen werden kann. Dazu wird das Material auf Temperaturen von 100 - 200 °C gebracht. Die Flamme wird nur von den Zerset-
zungsgasen und von der Luftzufuhr gespeist.

4.6 Akustische Eigenschaften

In größerem Umfang als bei den wärmetechnischen und brandtechnischen
Untersuchungen ist für schalltechnische Untersuchungen hoher apparativer Aufwand notwendig. Aufwendige elektrische und elektronische
Meßapparaturen in Spezialräumen (z.B. schalltoter Raum) gehören dazu,
die von speziell ausgebildetem Personal bedient werden müssen.

Die akustischen Eigenschaften von Holzspanplatten sind für zwei Ar-
beitsgebiete bedeutungsvoll. Die schalltechnischen Eigenschaften von

Bauwerken werden sowohl von den akustischen Eigenschaften der Baustoffe als auch von der Konstruktion bestimmt. Die akustischen Eigenschaften sind aber auch für die zerstörungsfreie Prüfung des Werkstoffes Spanplatte ausschlaggebend.

Werden auf eine Spanplatte periodisch wirkende Kräfte ausgeübt, beginnt
die Spanplatte zu schwingen. Die Schwingungen setzen sich in dem Körper
fort. Die Ausbreitung erfolgt in alle drei Raumrichtungen in verschiedenen Ausbreitungsgeschwindigkeiten. Die Schwingungen werden nach Amplitude und Frequenz beschrieben. Für das Bauwesen sind die Frequenzen
zwischen etwa 100 und 4.000 Hz von Interesse (Schulze, 1975). Man unterscheidet dort Körperschall, wenn die Schwingungsenergie auf feste Körper übertragen wird und Luftschall, wenn die Schallwellen an die Luft
abgestrahlt werden.

Schalltechnische Baustoffeigenschaften sind für den Konstrukteur 1. die
Schallschluckfähigkeit oder der Schallabsorptionsgrad, 2. die dynami-
sche Steifigkeit, aus der sich die Grenzfrequenz, oberhalb der eine
Dämmung eintritt, ergibt (Schulze, 1975, S. 160 ff.).

Wird der Absorptionskoeffizient eines schallschluckenden Materials gemessen, so wird in einem Hallraum mit bekannter Nachhallzeit der zu
prüfende Stoff dem Prüfschall ausgesetzt. Dabei wird die Nachhallzeit
eines mit Schallschluckstoff ausgekleideten Raumes gemessen. Aus der
Differenz zwischen den beiden gemessenen Nachhallzeiten kann die
Schallschluckfähigkeit des Baustoffes berechnet werden. In dem Prüf-
raum muß der Prüfkörper ebenso befestigt werden, wie es im späteren
Bau vorgesehen ist. Die Kanten der Platten sind schallreflektierend
abzudecken.

4.7 Elektrische Eigenschaften

Holz hat in absolut trockenem Zustand ausgezeichnete Isolationseigenschaften. Die elektrische Leitfähigkeit nimmt mit zunehmender Feuchtigkeit zu, sie ist im wesentlichen von der Leitfähigkeit der Ionen und
deren Beweglichkeit sowie Menge abhängig (Kollmann u. Coté, 1968,
S. 257). Mit dem Aufkommen von Kunststoffen und keramischen Werkstoffen mit besseren Isolationseigenschaften ist die Bedeutung des Holzes
für Isolationsbauteile zurückgegangen. Da die Entwicklung solcher
konkurrierender Werkstoffe in die Nachkriegszeit fällt - also gleich-

zeitig mit der Entwicklung der Spanplatten - hat die Prüfung der elektrischen Eigenschaften von Spanplatten nie besondere Bedeutung erlangt. In Einzelfällen kann deren Prüfung aber anwendungstechnisch interessant sein.

Es kann davon ausgegangen werden, daß die elektrische Leitfähigkeit von Spanplatten aufgrund der Zugaben von Leimen und Härtern höher ist, als die von Holz. Dies gilt insbesondere für Spanplatten mit salzhaltigen Schutzmitteln.

Die Versuchsanordnungen zur Bestimmung der elektrischen Widerstandswerte von Baustoffen sind z.B. in DIN 53 482 beschrieben. Da für Holzspanplatten keine abweichenden einschlägigen Bestimmungen bekannt geworden sind, wird auf diese Norm hingewiesen.

Zur Vereinheitlichung der Prüfung sind die Materialfeuchtigkeiten bei der Versuchsdurchführung anzugeben. Bei der Bestimmung der elektrischen Widerstandwerte wird unterschieden zwischen dem **Durchgangswiderstand**, dem **Widerstand zwischen Stöpseln** und dem **Oberflächenwiderstand**.

Bei Proben aus festen Isolierstoffen mit geometrisch einfacher Form können aus den Werten für den Durchgangswiderstand der spezifische Durchgangswiderstand berechnet werden. Der spezifische Durchgangswiderstand kann als der Durchgangswiderstand eines Würfels von 1 cm Kantenlänge berechnet werden.

Bei der Prüfung des spezifischen Durchgangswiderstandes gewährleistet untenstehende Prüfanordnung, daß lediglich der Isolationswiderstand im Innern der Spanplatten und nicht auch der Anteil der Isolierstoffoberfläche gemessen wird.

Die Probengröße beträgt 120 mm x 120 mm x d. Es werden beidseitig kreisförmige Plattenelektroden aufgelegt. Die Meßelektrode wird mit einem Schubring versehen und kann bei Proben unter 1 mm Dicke von 5 bis 80 cm² variiert werden. Als Gegenelektrode wird eine Flächenelektrode verwendet, die mindestens so groß, möglichst größer als die Meßelektrode ist. Bei unebener Oberfläche ist eine gut haftende, elektrisch leitende Haftschicht angebracht (Leitsilber oder Graphit). Der Anpreßdruck der Elektroden soll in der Regel etwa 0,2 N/cm² betragen. Der Durchgangswiderstand wird mit einer Widerstandsmeßeinrichtung eine Minute nach Anlegen der Gleichspannung gemessen.

Bei der Messung der Widerstände zwischen Stöpseln wird der Widerstand innerhalb des Stoffes zugleich mit dem Widerstand an der Oberfläche erfaßt. Zweckmäßig sind Proben von 120 mm x 15 mm x d. In die Proben werden metallene zylindrische Stifte als Elektroden in mittig vorgebohrte Löcher senkrecht zur Oberfläche eingepreßt. Der Widerstand zwischen den Elektroden wird unmittelbar nach deren Einpassen gemessen.

Der Oberflächenwiderstand wird zwischen federnd aufdrückenden Metallscheiben gemessen.

Die Leitfähigkeit eines wäßrigen Auszuges gibt Aufschluß über das Leitfähigkeitspotential der Prüfkörper. Dazu werden 5 g der Probe 1 Stunde lang gekocht, anschließend auf 20 °C abgekühlt und die Leitfähigkeit möglichst bei einer Frequenz von 1.000 Hz gemessen (s. auch DIN 40 634).

5 Prüfung der mechanischen Eigenschaften

Die Prüfung der mechanischen Eigenschaften dient zur Feststellung des
Festigkeits- und Verformungsverhaltens der Spanplatten unter vorher-
bestimmten äußeren Lasten. Die Prüfung soll das Verhalten bei den unter-
schiedlichsten Beanspruchungen der Spanplatten beschreibbar und vorher-
sehbar, möglichst auch vorherberechenbar und kontrollierbar machen.
Beim Gebrauch wirken Druck-, Zug-, Biege-, Schub- und Torsionsbelastun-
gen selten allein, meist gleichzeitig, überlagert ein. Während die
Festigkeitseigenschaften durch Belastung bis zum Bruch zu ermitteln
sind, ist das Verformungsverhalten oder die Elastizität durch Messung
von Längenänderungen bei Belastung, also durch Aufnahme von Belastungs-
Verformungskurven zu bestimmen. Die Dehnungen wurden früher mit mechanischen Dehnungsaufnehmern sichtbar gemacht. Heute übernehmen Dehnungsmeßstreifen oder elektrische Setzdehnungsaufnehmer, deren Signale elektrisch verstärkt werden, diese Aufgabe (s. dazu auch Rohrbach, 1967
oder Profos, 1984).

Hinsichtlich der Art der Belastung ist nach Zug-, Druck-, Biege-, Scher-
und Torsionsbelastung zu unterscheiden. Die Belastungen sind zudem
nach Größe, Angriffsrichtung und Dauer oder Geschwindigkeit der Kraft-
einwirkung verschieden. Außerdem variieren die Umgebungsbedingungen,
Temperatur und relative Luftfeuchtigkeit.

Die Probleme der Prüfungen der mechanischen Eigenschaften liegen in den
begrenzten Möglichkeiten der Anpassung der Prüfbedingungen an die komplexen Belastungsverhältnisse, welchen die Spanplatten im konkreten
Belastungsfall unterliegen können. Um die Untersuchungsergebnisse ver-
gleichbar und reproduzierbar zu machen, werden die Prüfungen meist
standardisiert. Zur Simulation der komplexen Bedingungen im Anwendungsfall werden auch spezielle von der allgemeinen Werkstoffprüfung
abgewandelte Verfahren eingesetzt. Man spricht dann von gebrauchs-
oder anwendungstechnischer Prüfung. Solche Untersuchungen liefern meist
nur schwer zu generalisierende Ergebnisse. Diese Gebrauchsprüfungen ge-

winnen aber zunehmend an Bedeutung. Es wird daher versucht, auch in
diesem Prüfgebiet zu standardisierten Verfahren zu gelangen. Dies gilt
in den letzten Jahren insbesondere für die Simulation der Belastungen
im Möbelbau.

Ein anderer Ansatz zur Weiterentwicklung von Prüfverfahren kommt aus
dem Wunsch, manche bereits festgelegten Prüfverfahren zu vereinfachen.
Aus diesem Grund werden z.B. immer wieder Vorschläge veröffentlicht,
die Prüfung der Bindefestigkeit von Spanplatten zu vereinfachen.

Bei der Prüfung der allgemeinen Baustoffeigenschaften unter linearen
Belastungen handelt es sich um bereits anerkannte und in in- oder aus-
ländischen Normen vereinheitlichte Verfahren. Während beispielsweise
die Biegefestigkeits- und Querzugfestigkeitsprüfung schon innerhalb
Europas und den USA vereinheitlicht wird, ist die Prüfung anderer
Eigenschaften erst in den letzten Jahren in den Blickpunkt gerückt.
Hierbei werden noch zahlreiche alternative Vorschläge diskutiert (z.B.
Prüfung des Kriechverhaltens bei kleinen Lasten über längere Zeiten).

Als noch nicht abgeschlossen kann auch die Prüfung der elastischen
Eigenschaften mit Methoden der zerstörungsfreien Prüfung angesehen werden. Derartige Verfahren wünscht man sich vor allem für die schnelle
Produktionskontrolle. Da die Bruchlasten nicht zerstörungsfrei ermittelt werden können, werden Korrelationen zwischen den Bruchlasten und
den zerstörungsfrei ermittelten elastischen Eigenschaften es erlauben,
die Festigkeiten zu schätzen. Wünschenswert wäre auch die Entwicklung
von Prüfmethoden für Eigenschaften von Holzspanplatten im eingebauten
Zustand, um bei Bauschäden oder ähnlichen Fragestellungen Materialprü-
fungen vornehmen zu können, ohne die Konstruktion zu zerstören.

Bei der Prüfung von Holzwerkstoffen ist weiterhin auf die zahlreichen
Einflußgrößen zu achten. In der Metall- oder Kunststoffprüfung gilt die
Temperatur als dominierende Einflußgröße. Bei Holzwerkstoffen sind die
meisten Untersuchungsergebnisse von der Feuchtigkeit und der Temperatur
sowie dem "Reifezustand" der Probekörper abhängig. Kennwerte für die
Alterung sind durch die Ermittlung der Eigenschaftsänderungen von Probekörpern in natürlichem Klima zu gewinnen.

Nach Art der Lastaufbringung wird gegliedert in gleichmäßig steigende
Belastung (statische Belastung), stoßartige Belastung (dynamische Belastung), in ruhende oder über einen längeren Zeitraum konstante Be-

lastung (Dauerstandversuche), schließlich in schwingende Belastung als Schwell- oder Wechselbelastung.

Infolge der ausgeprägten Anisotropie von Flachpreßplatten senkrecht zur Plattenebene und der vom Fertigungsverfahren abhängigen, mehr oder weniger großen Anisotropie in Plattenebene, muß bei der Festigkeitsprüfung industriell hergestellter Holzspanplatten auch die Belastungsrichtung beachtet werden.

Die Grundformen der Beanspruchung von Holzspanplatten sind in Bild 5.1 wiedergegeben. Es sind dargestellt die Biegebelastung bei flachliegender Probe; Biegebelastung tritt auch bei hochkant gestellten Spanplatenzuschnitten auf. Zug- und Druckbelastung parallel zur Plattenebene sind im dritten und Zug- und Druckbelastung senkrecht zur Plattenebene im vierten Schema symbolisiert.

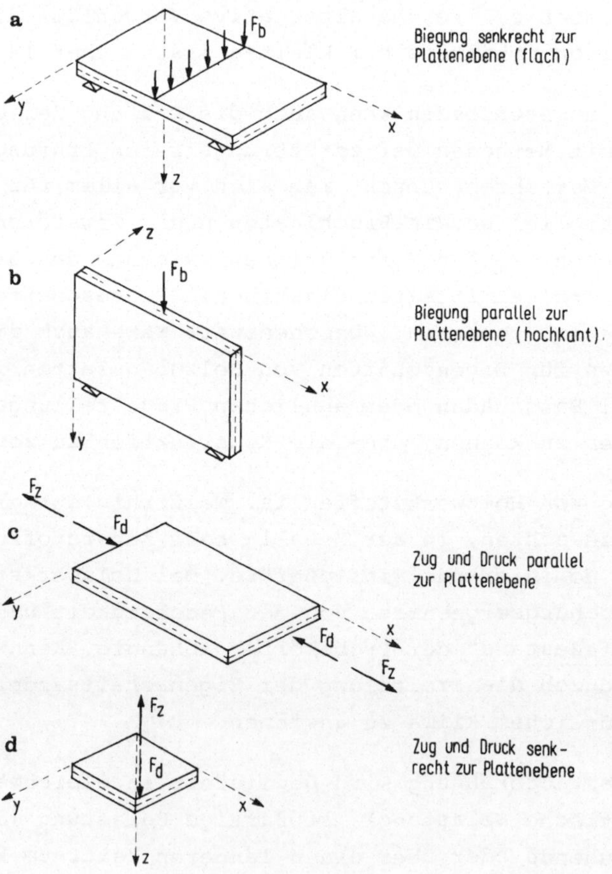

Bild 5.1: Grundformen der Beanspruchung von Holzspanplatten

Die Koordinatenachse x verläuft in Herstellungsrichtung der Platten,
die y-Achse in Richtung der Plattenbreite, und entlang der z-Achse
wird die Dicke der Platten definiert.

Bei Belastung der Prüfkörper in Plattenebene unterscheidet man die Belastung parallel (oder längs) von der senkrecht (oder quer) zur Herstellungsrichtung. Bei Belastung in Richtung der Plattendicke (z-
Achse) spricht man von Querzug- oder Querdruckfestigkeit. Im Unterschied dazu wird bei der Prüfung von Vollholzproben von radialer und
tangentialer Querzugfestigkeit neben der longitudinalen Zugfestigkeit
gesprochen (s. Knigge und Schulz, 1966, S. 157 f.).

Um mögliche Entmischungsvorgänge zu erfassen, ist außerdem für einige
Eigenschaftsprüfungen die Unterscheidung nach Ober- und Unterseite
der Spanplatten angebracht.

Bei allen Prüfungen, die zur Kennzeichnung der Qualität einer größeren
Einheit von Spanplatten dienen, sind bei der Probenanzahl und Proben-
entnahme statistische Gesichtspunkte zu berücksichtigen. Bei der Durchführung der Prüfungen sind die verschiedenen Einflußgrößen konstant zu
halten. Zur Prüfkörperentnahme nach Zufallsgesichtspunkten und zu sta-
tistischen Auswertungen der Ergebnisse sind z.B. die DIN 52 360 sowie
die ausführlichen Erläuterungen von Noack (1966) zu beachten.

5.1 Statische Zugbelastung

Die Zugfestigkeit kennzeichnet den Widerstand eines Körpers gegen seine
Zerstörung durch Zugkräfte. Sie wird angegeben als die Höchstkraft F_{max}
eines belasteten Prüfkörpers bezogen auf den Querschnitt A_O des Prüfkörpers vor Belastungsbeginn:

$$\sigma = \frac{F_{max}}{A_O} \quad (N/cm^2)$$

5.1.1 Zugfestigkeit in Plattenebene

Bereits 1949 wurden im Braunschweiger Institut für Maschinenkonstruk-
tion und Leichtbau (s. Winter, 1949, S. 11) Untersuchungen über die geeignete Form des Prüfkörpers angestellt. Stabförmige Prüfkörper reichen

zwar aus, um die Elastizität zu bestimmen (s. z.B. Lohfert 1965), sind aber nicht geeignet zur Ermittlung der Bruchlast.

In den Einspannvorrichtungen der Prüfmaschinen kommt es bei zunehmender Last zu einer Kontraktion der Prüfkörper senkrecht zur Plattenebene. Die damit reduzierte Querschnittfläche sowie Kerbwirkungen am Übergang zur freien Einspannlänge bewirken einen vorzeitigen Bruch, d.h. geringere Bruchlasten. Wie Winter u. Frenz (1954) zeigen konnten, liegt die Zugfestigkeit von stabförmigen Prüfkörpern zum Teil mehr als 10 % unter der an sogenannten Schulterstäben ermittelten Zugfestigkeit. Diese Probekörper (Schulterstäbe) haben einen größeren Querschnitt in der Einspannvorrichtung als im Bereich der freien Einspannlänge. Wegen der konstanten Dicke des Prüfkörpers werden die einzuspannenden Enden des Prüfkörpers auf der ganzen eingespannten Länge verbreitert. Damit werden Kopfrisse und Risse in der Einspannung vermieden.

Während sich Winter u. Frenz (1954) wegen des größeren Aufwandes bei der Herstellung der Prüflinge als "Schulterstäbe" noch für einen Normentwurf mit stabförmigen Proben einsetzten, bei denen häufig Risse an der Einspannung auftreten, ist man heute der Auffassung, daß Schulterstäbe verwendet werden sollten (Paulitsch,1976; Mc Natt u. Werren, 1976).

Um Brüche im Übergangsbereich zwischen Einspannkopf und freier Einspannlänge zu vermeiden, ist die Wahl eines möglichst großen Übergangsradius angezeigt.

Untersuchungen an 16 mm und 19 mm dicken Proben mit verschiedenen Übergangsradien (r) haben bei der Probenlänge von 220 mm, einer Einspannkopfbreite von 50 oder 30 mm und einer Breite im Sollbruchbereich von 25 oder 15 mm und einem Übergangsradius von 200 mm keine Kopfbrüche und kaum 10 % Brüche im Übergangsbereich ergeben (Bild 5.2).

Bei Spanplatten mit kleinen Spänen erscheint eine Breite von 15 mm an der schmalsten Stelle ausreichend. Mit zunehmender Spangröße sollten aber die Probenbreiten erhöht werden, um Kerbwirkungen an den Spanenden zu vermeiden. Außerdem kann damit die Wirkung einzelner Späne verringert werden. Dies ist insbesondere bei Belastung in Plattenebene quer zur Herstellungsrichtung zu beachten. Die auf dem Markt eingeführten Spanplatten aus großen, mit bewußt bevorzugter Orientierung gestreuten Spänen (z.B. waferboards, strandboard, OSB) verlangen diesbezüglich besondere Aufmerksamkeit. Mc Natt und Superfesky (1984)

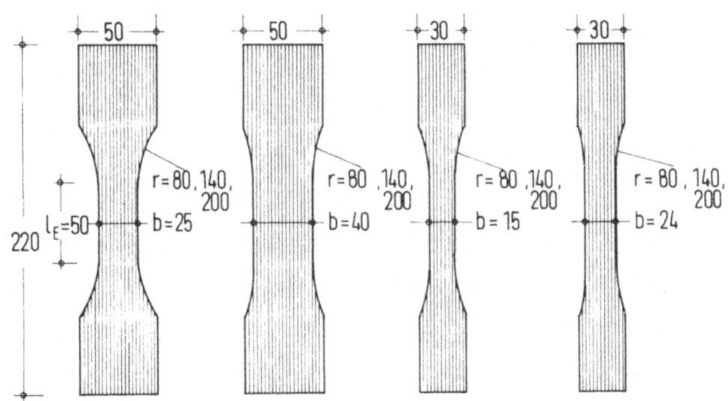

Bild 5.2: Formen der Prüfkörper zur Ermittlung der Zugfestigkeit in
Plattenebene.
Prüfkörperbreiten im Einspannbereich 50 und 30 mm
Prüfkörperbreiten im Sollbruchbereich 25 u. 40 sowie 15 u. 24 mm
Länge des Prüfkörpers 220 mm
Länge des Sollbruchbereiches 50 mm
Übergangsradien 80, 140 und 200 mm

haben dahingehend die nach ASTM D 1037-78 (1978) standardisierten
Probekörperabmessungen modifiziert.

In eigenen Versuchen hat sich wieder bestätigt, daß, abgesehen von ganz
großen Belastungsgeschwindigkeiten (30 sec. bis zum Bruch - dynamische
Belastung) und sehr kleinen Belastungsgeschwindigkeiten (über 2 min.
bis zum Bruch), der Einfluß der Belastungsgeschwindigkeit bedeutungs-
los sein dürfte.

5.1.2 Zugfestigkeit senkrecht zur Plattenebene

Die Zugfestigkeit senkrecht zur Plattenebene ist eine Eigenschaft, die
vorwiegend aus Gründen der Produktionsüberwachung ermittelt wird und
als Maß für die Festigkeit des Spanverbundes gilt. Sie hat zudem zen-
trale Bedeutung für die Vorhersage des Werkstoffverhaltens im Anwendungsfall. Es nimmt deshalb nicht wunder, daß immer wieder Ansätze für
ein einfaches und schnell Ergebnisse bringendes Verfahren veröffentlicht werden.

5.1.2.1 Querzugfestigkeit

Die Querzugfestigkeit dient als Maß für die Qualität des Verbundes der
Späne durch das Bindemittel und gibt zum geringen Teil auch Aufschluß
über die Eigenfestigkeit des Spanvlieses.

Die Prüfung der Querzugfestigkeit ist in vielen Ländern standardisiert.
Die Vorarbeiten dazu gehen wohl auf die Arbeiten von Winter u. Frenz
(1954) zurück. Danach wurde festgestellt, daß die Gestalt und die Größe
der Prüfkörper das Ergebnis nicht wesentlich beeinflussen. Aus quadratischen Proben mit 2,5 cm, 5 cm und 7 cm Kantenlänge wurde die Probe
mit 25 cm² Querschnittfläche ausgewählt. Diese Probengröße ist ein
Optimum aus den Anforderungen nach möglichst niedrigem Materialbedarf,
guter Reproduzierbarkeit und geringer Streuung der Meßwerte sowie dem
Ziel, möglichst größere Prüflasten zu erreichen, um an die Genauigkeit
der Ablesung nicht extreme Forderungen stellen zu müssen. Prüfkörperabmessungen und Einspannvorrichtung in Universalprüfmaschinen sind am
Beispiel der amerikanischen Vorschriften nach ASTM in Bild 5.3 wiedergegeben. Im Bild sind links die Probe (schraffiert) und die aufgeleim-
ten Holzjoche zu erkennen. Rechts sind die Abmessungen der Einhängevorrichtung abzulesen.

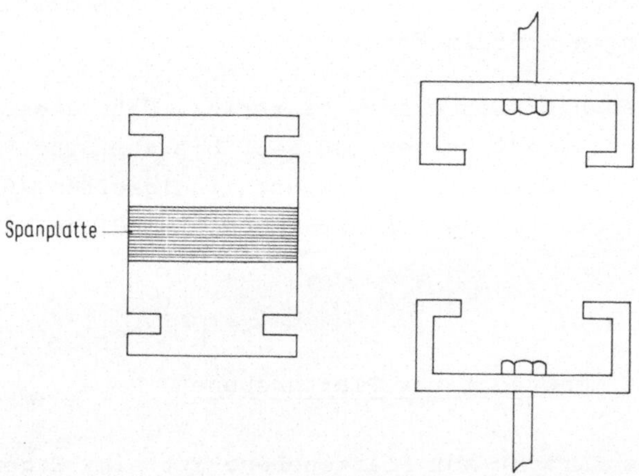

Bild 5.3: Prüfkörper (50 x 50 mm) und Einhängevorrichtung in Prüfmaschine zur Messung der Querzugfestigkeit (nach ASTM D 1037-64 und
nach DIN 52 365).

Die Belastungskräfte werden in die Proben über beidseitig aufgeleimte
Joche aus Stahl, Hartholz oder Buchenfurnierplatten geleitet. Diese
Vorbereitungsarbeiten sind nicht nur aufwendig, sondern die Verbindung
von Jochen und Prüfkörpern unterschiedlicher Elastizität bringt auch
einige Nachteile mit sich, auf welche Noack u. Schwab (1972) hingewiesen haben.

Für die einfache und schnelle Prüfung der Querzugfestigkeit ist nicht
immer eine Prüfmaschine erforderlich. Im englischen Forschungsinstitut
der Möbelindustrie (FIRA 1981) wurde eine Belastungsvorrichtung gebaut,
die es nur noch erforderlich macht, beidseitig auf die Spanplatten
Holzklötzchen aufzuleimen. In diese vollflächig verleimten Klötzchen
werden Schraubösen eingedreht. Die Öse auf einem Klötzchen wird in
einem auf einer Unterlage fest angeschraubten Metallstab eingehängt;
in die andere Öse wird ein Kabel eingehängt, das über eine Umlenkrolle
mit einem Drehmomentschlüssel belastet wird.

Szabo u. Gaudert (1978) haben ein sehr ähnliches Vorgehen vorgeschlagen. Danach werden die Prüfkörper mit Epoxidharz zwischen zwei Hart-
holzblöcke geklebt und die Belastung über eingebohrte Ringschrauben
aufgebracht.

Das Aufleimen eines Metallstempels mittels Schmelzkleber hat Knowles
(1981) vorgeschlagen. Die Abmessungen des Metallstempels vermittelt
Bild 5.4. Diese Metallstempel werden direkt in eine Belastungsvorrichtung eingehängt. Durch Erwärmung sind die Metallstempel bei Verwendung
von Schmelzkleber von den gebrochenen Prüfkörpern wieder zu entfernen.
Sie sind dadurch wiederverwendbar.

Bei allen Hilfsverfahren zur Ver-
einfachung der genormten Querzugfestigkeitsprüfung ist zu beachten, daß die Werte nicht unmittelbar den Werten, die nach standardisierten Verfahren gewonnen
wurden, entsprechen. Es sollten
deshalb durch Parallelmessungen
Umrechnungsfaktoren ermittelt
werden. Diese können von Her-
stellungs- und Plattentyp
abhängig sein.

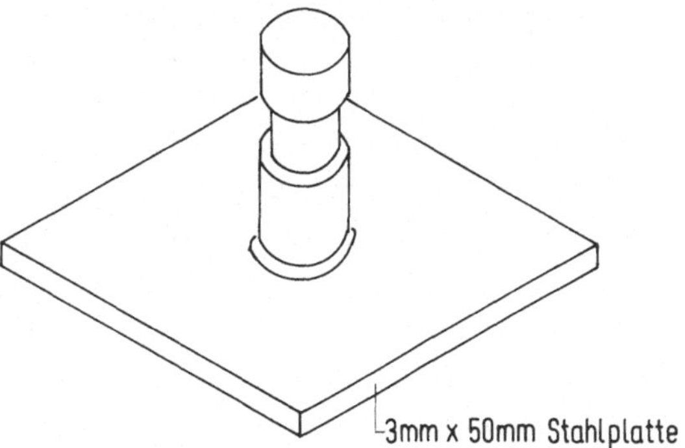

Bild 5.4: Metallstempel zur Probenhalterung in Prüfmaschine (n. Knowles, 1981)
Stahlplatte 3 x 50 mm verschweißt
mit Stahlstab von 12 mm Durchmesser
und 28 mm Länge. Abgedreht auf 9 mm
Durchmesser

5.1.2 Prüfung der Bindefestigkeit von Holzspanplatten

Das Ziel aller anderen Prüfverfahren ist es, eine Zug- oder Scherbe-
lastung in die Prüfkörper so einzuleiten, daß die Proben in ihrer

schwächsten Zone versagen. Es wird daher notwendig, die Bruchfläche
möglichst nicht durch Probenform bzw. die Einspannung vorzubestim-
men.

Sofern dabei die Kraft über die Deckschichten eingeleitet wird, ist es
möglich, auch Deckschichtfehler, z.B. Spalter oder schlecht ausgeschlif-
fene Oberflächen, zu erkennen. Das Erkennen dieser Fehlermöglichkeiten
scheint für die Produktionskontrolle wesentlich. Mit der standardisierten Prüfung der Querzugfestigkeit ist dies möglich. Darin wird ein
Grund gesehen, daß die Prüfung der Querzugfestigkeit nach DIN bisher
nicht ersatzlos aus dem Überwachungsprogramm gestrichen wurde.

Winter u. Frenz (1954) haben einen Zugscherversuch vorgeschlagen, der
der Zugscherprüfung von Sperrholz angelehnt ist. Es werden 40 mm
breite, 200 mm lange Proben gefertigt, die von beiden Oberflächen ausgehend entgegengesetzt liegende Kerbeinschnitte erhalten. Die Kerben
sollen mit einer scharfen Kreissäge bis zur Plattenmitte eingeschnitten werden. Nach umfangreichen Versuchen an 8 mm und 16 mm dicken Proben mit verschiedenen Kerbabständen empfehlen die Autoren einen Abstand
der Kerben von 10 mm. Nur bei diesem geringen Abstand ist gewährleistet,
daß keine Scherbrüche auftreten. Allerdings ist die Scherfläche durch
die Probenvorbereitung genau in der Plattenmittenebene vorbestimmt.

In dem Wunsch, das Aufleimen von Jochen zu vermeiden, haben Buro u.
May (1960) 45 x 17 mm große prismatische Prüflinge in eine Prüfmaschine
eingespannt und einer Zugbelastung unterworfen. Die Einspannung ist
jedoch nur bei mehr als 15 mm dicken Platten möglich. Bei dünneren
Platten empfiehlt sich das beidseitige Aufleimen von Holzfaserhart-
platten. Das bedeutet eine erhebliche Einschränkung des Verfahrens.
Außerdem werden höchste Anforderungen an die Winkelgenauigkeit der Prüflinge gestellt, um exakt senkrechte Krafteinleitung zu gewährleisten.

Ein anderes Verfahren, das sich auch vorzugsweise für dickere Platten
eignet, haben Shen u. Carroll (1969) vorgeschlagen. Quadratische Proben mit 25 mm Kantenlänge werden dabei mit Hilfe eines Drehmoment-
schlüssels durch Verdrehen in der Mittelebene belastet. Dieses Verfahren hat durch Aufnahme in die Prüfvorschriften der American Plywood
Association (1982) wieder Bedeutung erhalten (APA-testmethod S. 8).

Gertjejansen u. Haygreen (1971) haben ein davon abgeleitetes Verfahren
an einer Prüfmaschine angewendet. Bei der Regressionsanalyse haben sie

Bestimmtheitsmaße von 0,96 zwischen Querzugfestigkeit und Verdrehfestigkeit gefunden.

Eine recht gute Korrelation zwischen der Druckfestigkeit parallel zur Herstellrichtung und der Querzugfestigkeit hat Kufner (1968) gefunden. Diese hat sich auch in eigenen Versuchen bestätigt. Die Druckfestigkeit ist an dünnen Spanplatten aber nur schwer zu ermitteln.

Erwähnt werden sollen Vorschläge von Grzeczynski u. Bakowski (1963), die eine kreisringförmige Nut in eine Plattenseite eingefräst haben. Die Autoren haben den dazwischenliegenden Ring durch Druck durchgebogen und abgeschert. Gaudert (1974) setzte einen Drehmomentschlüssel auf die innerhalb des Kreises liegende Fläche und ermittelte das Drehmoment. Eine ausführliche Beschreibung findet sich bei Kufner (1975).

Einen sehr erfolgreichen Vorschlag haben Noack u. Schwab (1972) veröffentlicht. Sie führen einen Scherversuch an 50 x 50 mm großen Proben parallel zur Plattenebene durch. Die Versagensfläche wird aber vorherbestimmt durch die Belastungsvorrichtung. Die Methode hat sich besonders zur Prüfung von Laborspanplatten durchgesetzt, da bei Laborspanplatten meist sichergestellt werden kann, daß die schwächste Zone tatsächlich auch in der Mittelebene liegt. Dieses Verfahren wurde zwischenzeitlich standardisiert (DIN 52 367).

Ein weiterer Vorschlag für die Messung der Bindefestigkeit stammt von Suchsland (1977). Dazu müssen mehrere Spanplattenzuschnitte verleimt werden. Darauf wird eine stabförmige Probe unter einem Winkel von 45 Grad herausgeschnitten. Dieser Stab wird dann auf Druck belastet (s. Bild 5.5) und schert in seiner schwächsten Zone ab. Dieses Verfahren eignet sich ebenfalls für dünne Platten. Die Korrelation zwischen der Bindefestigkeit und der Querzugfestigkeit ist zufriedenstellend (Bestimmtheitsmaß r = 0,92).

Mit dem Minnesota Shear Test (MST) haben Hall und Haygreen (1983) dieses Verfahren auf die Belastung einer Probe übertragen und damit die Prüfung der Bindefestigkeit vereinfacht (s. Bild 5.6).

Hall et al. (1984) haben die Reproduzierbarkeit der Werte des Minnesota shear test und die Korrelation zwischen diesen Werten und den Meßwerten der Querzugfestigkeit geprüft. Ein Einfluß der geringfügigen Unterschiede bei der Versuchsdurchführung durch verschiedene Personen hat sich nicht herausgestellt. Auch bei Variation der Belastungsgeschwin-

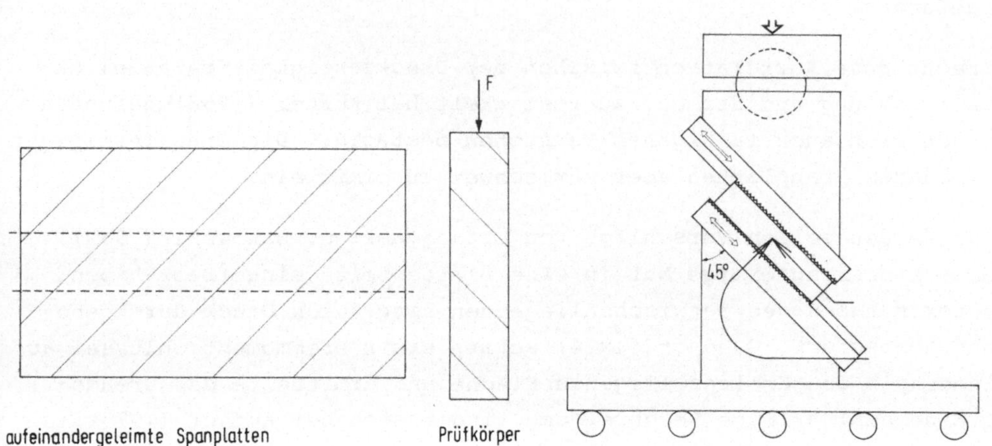

Bild 5.5: Herstellung der Prüfkörper zur Ermittlung der Bindefestigkeit n. Suchsland (1977)

Bild 5.6: Versuchsanordnung beim
Minnesota Shear Test, Spanplattenprobe zwischen 2 Riffelplatten,
unten Auflager, oben kardanisch auf-
gehängte Druckvorrichtung

digkeit von ca. 5 mm/min. und 2,5 mm/min. blieb der Meßwert unbeein-
flußt. Bestimmtheitsmaße von r = 0,96 und r = 0,75 kennzeichnen die
enge Korrelation zwischen der Querzugfestigkeit und der Scherfestigkeit
nach MST. Das Verfahren ist in der Diskussion, um in die ASTM-Standards
aufgenommen zu werden (Maloney, 1984).

5.1.2.3 Einstichversuche zur Beurteilung der Mittelschichtfestigkeit

Im Rahmen der Wareneingangskontrolle werden die Spanplatten von Ver-
arbeitern gerne durch den sogenannten "Messerstichtest" geprüft. Meist
wird an auffallenden offenen Stellen der Mittelschicht mit einem
Taschenmesser, Schraubenzieher oder ähnlichem durch Einstechen die
Bindefestigkeit der Spanplatte beurteilt. Dieses Vorgehen ist schon
aus den Anfängen der Spanplattenfertigung bekannt (v. Wedemeyer, 1959).
Die Ergebnisse sind erfahrungsgemäß auch abhängig von der Form und
Schärfe der Messerklinge oder Einstichkraft. Sie führen bei Spanplatten mit unterschiedlicher Zusammensetzung der Mittelschicht zu verschiedener Beurteilung. An der Fachschule für Holztechnik in Detmold
(Gür, Vienig, Gerhardt, 1982) wurde versucht, einen Zusammenhang zwischen der Querzugfestigkeit und der Einstichtiefe verschiedener mes-
serähnlicher Werkzeuge zu ermitteln. Die beste Korrelation dieser beiden

Eigenschaften wurde bei einem Einstich mit einer Stahlnadel von 25 mm Länge, 2,8 mm Durchmesser, Winkel der Spitze 15° gefunden (Bestimmtheitsmaße von über 0,80).

Ein automatisiertes, taktweise arbeitendes Verfahren zur Schätzung der Querzugfestigkeit hat Steinhausen (1983) erwähnt. Danach wird der Widerstand mit einer Kraftmeßdose gemessen, der einem nagelähnlichen Stift beim Eindringen in die Schmalfläche einer Spanplatte entgegengebracht wird. Bei konstanter Eindringtiefe (20 mm) wird damit die subjektive "Taschenmessermethode" durch objektive Zahlen reproduzierbar. Die Auswahl der Stiftform basiert wohl auf den Untersuchungen von Gür et al. (1982).

Auch Rosenke (1984) schlägt vor, die Strukturfestigkeit von Spanplatten durch Eintreiben eines flachen Prüfkörpers zu ermitteln. Der Prüfkörper soll nach dem Eintreiben durch ein vorbestimmtes Drehmoment kurzzeitig verdreht werden. Die zum Eintreiben erforderliche Kraft und der sich einstellende Drehwinkel sind Maße für die Verleimfestigkeit und die Strukturfestigkeit von Spanplatten.

5.1.2.4 Festigkeit der Deckenschichten bei Zugbelastung senkrecht zur Plattenebene - Abhebefestigkeit

Im Zuge der vermehrten Oberflächenveredelung von Holzspanplatten durch Lackieren, Furnieren, Belegen und Beschichten rückte auch die Festigkeit der Deckschichten in den Blickpunkt. Ausgehend von der Überlegung, daß Ablösungen von Veredelungsmaterialien nicht nur durch Kleberdefekte und schlechte Verarbeitung, sondern auch durch zu geringe Festigkeit der Deckschichten ausgelöst werden können, wurden Prüfverfahren gesucht, die die Belastung der Deckschicht allein durch das Veredelungsmaterial simulieren lassen.

Nur für flexible, selbsttragende Folien ist es bisher gelungen, ein anerkanntes Prüfverfahren zu entwickeln, nämlich den **Abschälversuch**.

Für alle nicht starren und nicht selbsttragenden Veredelungsmaterialien gibt es bisher noch kein zufriedenstellendes Verfahren.

Einem Vorschlag von Fahrni folgend (zitiert nach Teichgräber, 1966) wird ersatzweise die **Abhebefestigkeit** ermittelt, indem die Spanplattenoberfläche senkrecht wirkender Zugbelastung ausgesetzt wird.

Dazu wird in die Spanplattenoberfläche eine schmale ringförmige Nut gefräst. Auf die definierte Kreisfläche wird mittels Heißschmelzkleber
ein Stahlpilz aufgeklebt, der in einer Prüfmaschine befestigt senkrecht
zur Plattenebene gezogen wird. Neben der Bruchlast, die, auf die Kreisfläche bezogen, den Wert der Abhebefestigkeit ergibt, ermöglicht die
Form der Bruchfläche (flacher Abriß oder tiefgehende Bruchfläche) dem
Technologen Aussagen über die Qualität der Deckschicht. Die visuelle
Beurteilung der Bruchfläche gibt auch Hinweise über die Zusammensetzung der Deckschicht (z.B. Rindenanteil). Das Verfahren ist heute genormt (z.B. DIN 52 366).

5.2 Statische Druckbelastung

Das allgemeine Bestimmungsprinzip für Festigkeiten, die Bruchlast auf
den Anfangsquerschnitt zu beziehen, kann bei der Bestimmung der Druckfestigkeit in Plattenebene nicht immer angewendet werden. Bei der Belastung senkrecht zur Plattenebene, um die Querdruckfestigkeit zu bestimmen, ist keine definierbare Bruchlast festzustellen. Vielmehr wird
der Prüfkörper nur gestaucht bzw. gequetscht und anschließend nur noch
komprimiert. Man kann daher eine Quetsch- oder Stauchgrenze festlegen.
Zwei mögliche Belastungsfälle sind in Bild 5.7 schematisch angegeben.

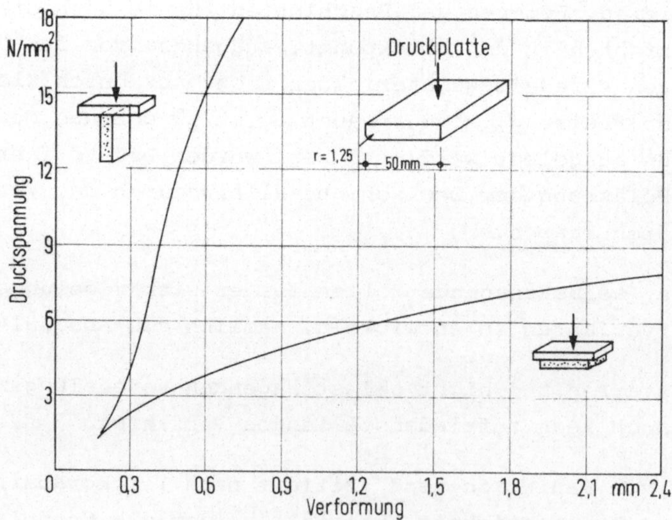

Bild 5.7: Druckbelastung und Verformungsverhalten von Spanplatten bei
Druckbelastung parallel und senkrecht zur Plattenebene.

5.2.1 Druckfestigkeit in Plattenebene

Die Proben werden in einer Belastungsvorrichtung zwischen zwei plan-
parallele Scheiben gelegt. Eine Scheibe soll in einer Kugelpfanne gelagert sein, damit sich die Probe auch bei unsauberem Zuschnitt oder bei
Dickentoleranzen mit ihrer Schwerachse in Richtung der Belastung selb-
ständig einrichten kann. Die Belastungsgeschwindigkeit sollte in Vor-
versuchen so ermittelt werden, daß der Bruch in etwa 1 Minute eintritt.

Eine Übersicht über die bisher vorgeschlagenen Probekörperabmessungen
gibt Tabelle 5.2. Dünne Spanplatten können zu mehreren Proben als Viel-
fachprobe bis zu 19 mm mit wenig Druck verleimt werden, um ein Knicken
zu vermeiden. Hierbei ist h die Höhe, b die Breite und a die Dicke der
Probe.

Tab. 5.2: Abmessungen von Prüfkörpern zur Bestimmung der Druckfestigkeit von Holzspanplatten

	Belastung in Plattenebene (parallel und senkrecht zur Herstellungsrichtung) a = Dicke der Platte	Belastung senkrecht zur Plattenebene
Kufner 1968	h = 5a; b = 50 mm	n. DIN 52 185 Bl. 2 5 % Stauchgrenze
Winter / Frenz 1954	h = b = 3a	-
Forest Products Lab	h = 6a; b = 12 mm	-
ASTM D143	h = 4a; b = a	
ASTM D1037	h = 4 inch; b = 2,5 cm	
Teichgräber 1966	h = 15 cm; b = 5 cm	h = 15 cm; b = 5 cm

Für die Beschreibung des Eigenschaftsbildes von Spanplatten ist die
Druckfestigkeit sicherlich nur von untergeordneter Bedeutung. Die Aus-
sagemöglichkeiten für das Verhalten unter praxisnahen Bedingungen ist
auch dadurch eingeschränkt, daß die Übertragbarkeit der an kleinen
Proben ermittelten Festigkeiten auf großflächige Bauelemente unsicher
ist. Die Geometrie des Bauteiles wird evtl. das Knicken vor dem Bruch-
versagen ermöglichen.

Die Beobachtung der Bruchbilder mit den schräg verlaufenden Scherflächen hat zu der Überlegung beigetragen, einen engen Zusammenhang zwi-

schen Druckfestigkeit und Scherfestigkeit sowie Querzugfestigkeit anzu-
nehmen. Einige Bruchformen aus eigenen Druckfestigkeitsversuchen sind
in Bild 5.8 schematisiert dargestellt. In dieser Abbildung geben die
Linien die Bruchflächen an. Es ist zu erkennen, daß das Versagen meist
infolge Abscherens der Deckschichten oder Ausbildung einer etwa diago-
nal verlaufenden Scherfläche auftritt. Die Scherflächen gehen von den
oben oder unten auf den Scheiben liegenden parallelen Kanten aus.

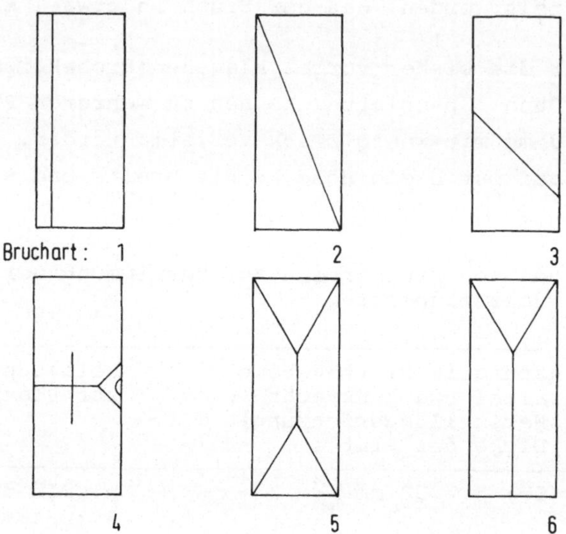

Bild 5.8: Versagensformen von Spanplattenproben bei Druckbelastung
kleiner Prüfkörper (50 x 50 x d) in Plattenebene

Dieser Beobachtung folgend hat Kufner (1975) die Zusammenhänge ausführlich regressionsanalytisch berechnet. Die Korrelation zwischen der
Druckfestigkeit und der Scherfestigkeit (ermittelt als Drehscherfestig-
keit nach Shen u. Carroll, 1969) ist weniger straff als die zwischen
der Druckfestigkeit und der Querzugfestigkeit.

Bei einem Verhältnis der Probenhöhe zur Probenbreite von h/b $\leq$ 5 hat
Kufner keinen Einfluß auf die Druckfestigkeit gefunden. Die Knick-
festigkeit beginnt ab einem h/a-Verhältnis von etwa 5,5 eine Rolle zu
spielen. In ASTM D 803-83 wird eine Vorrichtung beschrieben, die ein
seitliches Ausweichen der Proben bei Druckbelastung verhindert. Kufner
empfiehlt, diese Vorrichtung bei der Prüfung von Proben mit einem
h/a-Verhältnis von über 18 zu verwenden.

5.2.2 Druckfestigkeit senkrecht zur Plattenebene (Querdruckfestigkeit)

Die Querdruckfestigkeit kann an Proben von 50 mm x 50 mm durch Belastung mit etwa 20 N/mm² ermittelt werden. Je nach der Fragestellung erscheint es sinnvoll, eine Stauchgrenze bei 1 % (z.B. Gressel, 1981) oder 5 % Kompression festzulegen und die dazugehörige Kraft zu ermitteln.

Insbesondere für Verlegeplatten ist die **Querdruckfestigkeit** von Interesse. Auch im Rahmen der Entwicklung von Spanplatten für die Preßbeschichtung (vor allem für die Mehretagenbeschichtung) sowie für das Furnieren und Belegen wurde die Kompression bei Belastung senkrecht zur Plattenebene ermittelt. Durch geeignete Holzartenwahl, vorzugsweise in der Mittelschicht, sind die Querdruckfestigkeiten der Spanplatten inzwischen den Erfordernissen während der Druck- und Temperaturbelastung bei der Beschichtung angepaßt worden. Die Diskussion um die Querdruckfestigkeit ist dann wieder in den Hintergrund getreten.

Bei Spanplatten sind die Druckfestigkeiten nicht so sehr in den Mittelpunkt der Prüfung gerückt wie beim Holz. Dort haben sich die Druckfestigkeiten als Weiser für die Gesamtfestigkeiten des untersuchten Materials eingeführt (s. Knigge / Schulz 1966, S. 158). Die Einfachheit der Versuchsdurchführung und die mittlerweile gefundenen Zusammenhänge haben dies auch für Spanplatten möglich gemacht. Es ist jedoch zu vermuten, daß die Druckfestigkeit von Spanplatten weniger beachtet wird, weil Unregelmäßigkeiten und Fehler aus der Herstellung sich weniger in der Druckfestigkeit als in der Querzugfestigkeit auswirken.

Ein Zusammenhang zwischen Querdruckfestigkeit und Härte der Spanplatte besteht, wenn die Drucklast nicht auf dem gesamten Querschnitt angreift; man spricht dann von Stempeldruckbeanspruchung.

Mit einem Druckstempel kann eine Härte- und Druckfestigkeitsprüfung durchgeführt werden. Solche sogenannten **Stempelfestigkeitsversuche** hat Neusser (1966) an Fußbodenmaterial durchgeführt. Dabei wurden der spezifische Stempeldruck als Beschreibung der Belastung und die Eindrucktiefe und die Rückfederung als Kriterien für die Eigenschaften der Platten gewählt.

Zur Belastung der Platten werden Stempel mit Durchmesser von 2 bis 38 mm und einem Kantenradius von ca. 0,15 mm eingedrückt. Neusser arbeitete mit einer Vorlast von 0,1 kN, einer Hauptlast von 1,2 kN und einer Nachlast von 2,5 N.   Die Vorlast wirkt nur 6 sec., während Haupt- und

Nachlast jeweils 1 min. aufgebracht werden. Das Eindringen des Stempels
bei den drei Laststufen wird über einen Wegaufnehmer ermittelt. Die aus
der Erhöhung der Last von Vor- zu Hauptlast resultierende Eindringungs-
tiefe wird als Eindrucktiefe bezeichnet. Das Anheben des Stempels bei
Verminderung der Hauptlast auf die Nachlast bezeichnet Neusser als
Rückfederung.

Im elastischen Bereich der Verformung des Werkstoffes ist die Rückfederung um den Betrag der Vertiefung durch die Vorlast größer als die Eindrucktiefe. Bleibende Druckstellen entstehen bei Überschreitung des
elastischen Bereiches. Dies ist auch daran zu erkennen, daß die Rückfederung kleiner als die Eindrucktiefe wird.

5.3 Statische Biegebelastung

Für die Biegefestigkeit senkrecht zur Plattenebene hat sich sehr schnell
auf der Basis der Untersuchungen von Winter u. Frenz (1954) ein stan-
dardisiertes Prüfverfahren herausgebildet. Die Normen in den verschiedenen Ländern standardisieren den Dreipunkt-Versuch mit mittiger Last
an rechteckigen Querschnitten (s. Abbildung 5.1).

Im Rahmen der internationalen Vereinheitlichung der Prüfbedingungen von
Spanplatten unterliegt die Prüfung der Biegefestigkeit gegenwärtig
einer Überarbeitung (Brinkmann, 1982). Nach ISO soll als Stützweite
L_s = 25 x Plattendicke max. 750 mm bei einer Probenbreite von 75 mm
und einer Belastungszeit von 90 $\pm$ 30 s bis zum Bruch vorgeschlagen
werden.

Nach DIN 52 362 müssen die Stützweiten so gewählt werden, daß die
Scherkräfte in der Mittelschicht vernachlässigt werden können. Die
Stützweite soll daher mindestens 200 mm betragen, jedoch mindestens
das 10fache der Probendicke. Die Länge der Prüfkörper soll um 50 mm
größer sein als die Stützweite.

Für die Bestimmung des Elastizitätsmoduls im Biegeversuch werden Stützweiten von 20 x d empfohlen.

Die Abrundungsradien an den Auflagen und dem Biegedorn sollen 30 mm
$\pm$ 5 mm betragen, um die örtlichen Kräfte und Deformationen an den
Lasteinleitungsstellen möglichst klein zu halten.

Die Biegefestigkeit kann auch bei Hochkantlage ermittelt werden (s. Abbildung 5.1). Diese Versuchsanordnung simuliert die Belastung von Stegen in Vollwandträgern.

Bei Rundversuchen im Rahmen der FESYP (s. Gressel, 1981) ergaben sich folgende günstige Prüfbedingungen:

$$
\begin{aligned}
\text{Probenseite } b \quad &= \text{Plattendicke } d \\
\text{Probenhöhe } h \quad &= 2 \text{ x Nenndicke} \\
\text{Stützweite } L_s \quad &= 15 \text{ x H } (= 30 \text{ x d}) \\
\text{Probenlänge} \quad &= L_s \text{ x 50 mm} \\
\text{Versuchsanordnung} \quad &- \text{Dreipunktbelastung}
\end{aligned}
$$

5.4 Scher- und Torsionsbelastung

5.4.1 Scherfestigkeit

Die Scherfestigkeiten plattenförmiger Werkstoffe können nach Art des Kraftangriffes als Scherfestigkeit in Plattenebene, als Kantendiagonalschub und als Scherfestigkeit senkrecht zur Plattenebene gemessen werden.

Kufner (1968) hat zur Bestimmung der Scherfestigkeit ein Schereisen eingesetzt, das aus einer Gabel, einem darin frei beweglichen Zugstück und drei drehbaren Einsätzen mit quadratischen Öffnungen besteht. Die Spanplattenprobe wird durch die Öffnungen gesteckt.

Die Scherkräfte werden durch Ziehen der Gabel und des beweglichen Zugstückes in entgegengesetzten Richtungen aufgebracht. Als Prüflinge werden würfelförmige Proben gewählt. Die Kantenlänge entspricht also der Plattendicke.

Dieses Scherfestigkeitsprüfverfahren kann auch als zweischnittiges Scherzugverfahren bezeichnet werden (Schulze, 1975, S. 96).

Hunt et al. (1980) haben die Scherfestigkeit in Plattenebene (interlaminar shear) an Spanplatten über 25 mm Dicke nach ASTM D 1037 bestimmt.

Wegen der größeren Dicke müssen die Probekörperabmessungen reduziert
werden. Üblicherweise werden quadratische Prüfkörper mit einer Kantenlänge von 30facher Plattendicke gewählt. Hunt et al. haben auch mit
den Abmessungen 5 x 15 cm (2 x 6 inch) gleiche Werte gefunden.

Die Scherfestigkeitsprüfung senkrecht zur Plattenebene kann mit der
Kreuzscherprobe durchgeführt werden. Das Belastungsschema und die Pro-
benabmessungen sind aus Bild 5.9 zu entnehmen. Eine 50 mm x 150 mm
x Plattendicke große Probe wird mit 2 mm breiten Nuten, wie auf der
Abbildung eingezeichnet, 10 mm tief eingeschnitten, so daß die Probenlänge in drei gleich lange Abschnitte unterteilt ist. Der mittlere
Abschnitt wird durch Belastung herausgeschert.

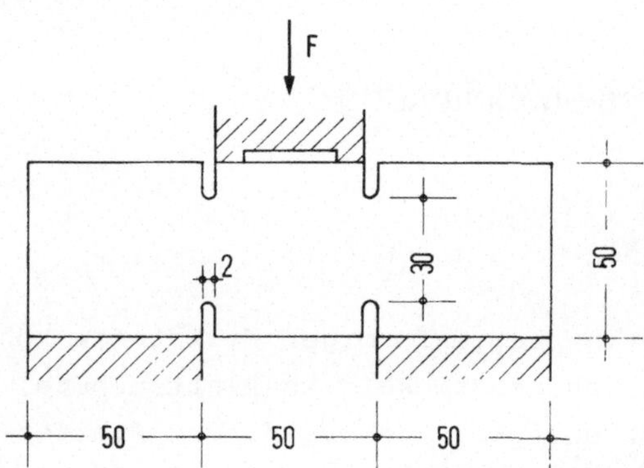

Bild 5.9: Prüfkörperabmessungen und Belastungsschema für Scherfestig-
keits-Versuche senkrecht zur Plattenebene

Albers (1971) hat die Scherfestigkeit und die Gleitzahlen direkt an
Schubwürfeln gemessen. Nach Albers ist die Messung des Schubmoduls nach
ASTM D 805 wohl für Sperrholz, nicht aber für Spanplatten geeignet. Aus
Biegeschubversuchen an Spanplatten mit Aluminiumbeplankung können rech-
nerisch die Schubmoduli bestimmt werden (Albers, 1972).

5.4.2 Torsionsfestigkeit

Unter der Torsions- oder Verdrehfestigkeit versteht man die maximale
Spannung, die ein senkrecht zur Prüfkörperachse angreifendes Kräftepaar
an dem freien Ende eines einseitig eingespannten Prüfkörpers hervorruft.
Diese Festigkeiten werden vorzugsweise an kreisförmigen Querschnitten
ermittelt. Werden andere Querschnitte erforderlich, wie bei platten-

förmigen Werkstoffen, ist eine große Einspannlänge gegenüber der Versuchslänge zu wählen (Schulze 1975). Zur Messung der Verdrehung beim Bruch reicht es häufig aus, vor der Belastung eine parallele Linie auf der Oberfläche zu ziehen und nach dem Bruch die Teile zusammenzufügen und die Verdrehung auszumessen.

Zur Messung der Verdrillung in Plattenebene müssen stabförmige Prüfkörper durch mehrfaches Aufeinanderleimen von quadratischen Spanplattenproben hergestellt werden (Lohfert, 1965).

Bei Lohfert ist auch die ausführliche Beschreibung der aufwendigen Meßapparatur nachzulesen.

Ein einfacheres Verfahren nach Shen und Carroll (1969) verwendet einen Drehmomentschlüssel mit Innenvierkant. Danach werden Proben mit 25 x 25 mm in den dazu passenden Innenvierkant eingelegt. Zweckmäßigerweise wird der eine Einsatz in einem Schraubstock eingespannt und die Probe eingelegt. Je nach Tiefe der Öffnung des Innenvierkantes und Dicke der Spanplattenprobe kann es erforderlich sein, Füllstücke so einzulegen, daß die Scherebene mit der Plattenmittenebene übereinstimmt. Auf die in den unteren Einsatz gelegte Probe wird der obere Einsatz mit Drehmomentschlüssel so gelegt, daß sich die Einsätze berühren. Auch der obere Einsatz ist gegebenenfalls mit einem Füllstück zu versehen. Dieses Verfahren wurde von der American Plywood Association (1982) als Standardprüfverfahren, testmethod S - 8, festgelegt.

Kufner (1975) empfiehlt, die am Drehmomentschlüssel angebrachte Uhr zur Messung der Durchbiegung des Rundstahls durch eine 1/100 mm Meßuhr zu ersetzen.

Andere Prüfverfahren für die Scherfestigkeitsmessung sind bereits im Kapitel über die Bindefestigkeit der Leimfugen (5.1.2.2) erläutert.

5.5 Haltevermögen für Verbindungsmittel

5.5.1 Schraubenhaltevermögen

Für die Verarbeitung der Spanplatten, insbesondere im Möbelbau, war ausreichendes Schraubenhaltevermögen eine wesentliche Voraussetzung. Die Untersuchungsergebnisse haben bald den Schluß nahegelegt, daß die

Möglichkeiten zur Erhöhung des Schraubenhaltevermögens von seiten der Spanplattenherstellung sehr begrenzt sind. Durch Anheben der Rohdichte hätte man die Schraubenauszugsfestigkeit zwar erhöht, die Verarbeitung durch übermäßiges Gewicht aber negativ beeinflußt. Die Schraubenauszugsfestigkeit wurde durch Entwicklung geeigneter Schrauben gegenüber der einfachen Holzschraube erhöht.

Bei vielen Spanplattenverarbeitern, z.B. Küchenmöbelherstellern, gehört die Prüfung der Schraubenausziehfestigkeit zur Wareneingangskontrolle.

Kratz und May (1963) haben bei ihren Untersuchungen die Schraubenlöcher vorgebohrt, und zwar auf 2/3 der Schraubenlänge und Schraubendurchmessers.

Dosoudil (s. bei Teichgräber,1966, S. 567) hat einen Vorschlag zur Vereinheitlichung der Prüfung der Schraubenauszugsfestigkeit vorgelegt. Um die Belastungen beim Eindrehen der Schrauben konstant zu gestalten, wurde eine Eindrehvorrichtung entworfen. Ein Distanzstück wird zwischen Probenoberfläche und Schraubenkopf gestellt, um die Schrauben stets gleich tief einzudrehen. Der Schraubenzieher wird mittels einer Zentrierhülse stets mittig aufgesetzt. Der Haltearm für die Einschraubspindel sichert die Schraube vor außermittiger Belastung (Bild 5.10). Es sollen Schrauben nach DIN 96 verwendet werden, deren Länge der Plattendicke und deren oberer Durchmesser etwa 1/5 der Plattendicke entsprechen. Bei Prüfung senkrecht zur Plattenebene wird als Einschraubtiefe das 0,9fache der Plattendicke empfohlen. Die Einschraubtiefe soll das 1,2fache der Plattendicke bei Prüfung in Plattenebene betragen. Um die Spaltwirkung beim Einschrauben zu verringern, wird das Vorbohren in die Schmalfläche gefordert. Bei der Schraubenauszugfestigkeit senkrecht zur Plattenebene hat das Vorbohren keine festigkeitserhöhende Wirkung erbracht, so daß darauf verzichtet werden kann.

Eckelman (1973) hat die in Amerika vorliegenden Arbeiten ausgewertet. Danach liegen Untersuchungen mit 50 %, 70 % und 90 % Vorbohrdurchmesser in Prozent des Schraubendurchmessers vor. Die Einbohrtiefen betrugen 2/3 inch (ca. 16 mm) und 5/8 inch (ca. 15 mm). Eckelman schlägt Ausziehgeschwindigkeiten von zwischen 0,125 cm/min. und 1,25 cm/min. vor, da in diesem Bereich keine unterschiedlichen Werte gefunden wurden. Hohe Ausziehgeschwindigkeiten von 10 cm/min. geben deutlich höhere Werte für die Aufspaltungstendenz.

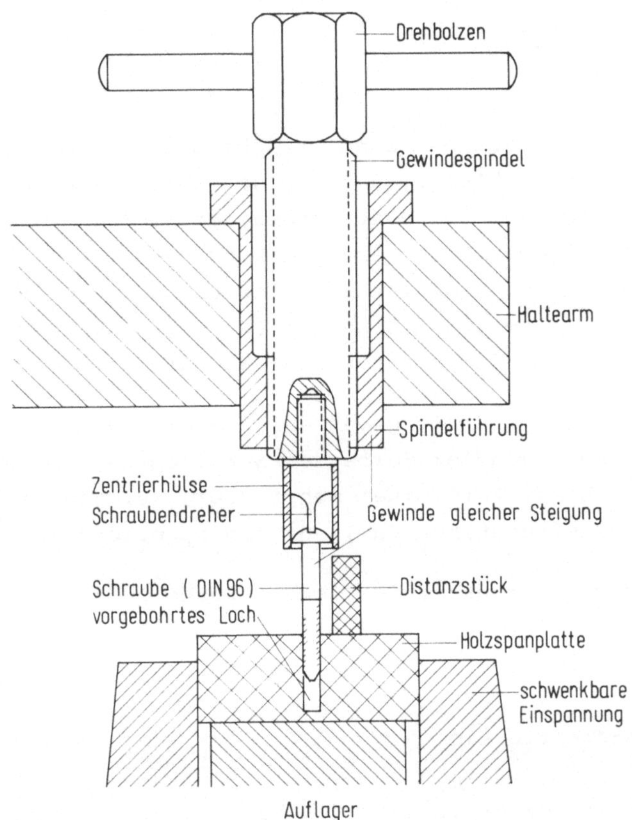

Bild 5.10: Vorrichtung zum querkraftfreien Eindrehen von Schrauben in
Holzspanplatten n. Dosoudil

Um ein Aufspalten der Proben beim Eindrehen der Schrauben zu vermeiden,
hat Eckelman die Spanplatten vollflächig um die Einbohrstelle eingespannt.

Gerade diese **Aufspaltungstendenz** der Spanplatten beim Einbohren von
Schrauben in die Schmalfläche nehmen Didriksson et al. (1974) als
Qualitätskriterium. Es wurden verschiedene Schraubentypen in Querzugfestigkeitsproben (50 x 50 mm) in unterschiedlich vorgebohrte Löcher
eingedreht. Die Autoren empfehlen für die Vereinheitlichung der Versuchsbedingungen als Abmessungen der vorgebohrten Löcher: 60 % Schrau-
bendurchmesser und 2/3 Schraubenlänge. Darauf wurden die Querzugfestig-
keiten an Proben mit und ohne eingedrehten Schrauben ermittelt. Der
Unterschied zwischen den Festigkeiten mit und ohne Schrauben wird auf
die übliche Querzugfestigkeit bezogen und als Maß für die "edge-
splitting-tendency" (etwa Aufspaltungstendenz) angegeben.

5.5.2 Nagelhaltevermögen

Zur Beschreibung des Nagelhaltevermögens von Spanplatten können die
Nagelausziehfestigkeit aus der Schmalfläche und aus der Deckschicht
geprüft werden. Auch die Kraft, die für das Durchziehen des Nagelkopfes
durch die Spanplatte quer zur Plattenebene erforderlich ist, wurde gemessen. Das Nagelhaltevermögen wird zweckmäßigerweise an Platten für
Kisten oder Paletten bestimmt (s. auch Barnes und Lyon, 1978). Die Prüfung mit Nägeln und Klammern hat in den USA wegen der dort häufigeren
Verwendung dieser Verbindungsmittel mehr Bedeutung als in Europa.

Chow (1974) hat auch die Kraft gemessen, die erforderlich ist, um einen
eingeschlagenen Nagel von der Seite des Nagelkopfes her durchzudrücken.
Dazu wurde ein Stahlstift in einem Bohrfutter, welches wiederum in
einer Prüfmaschine eingespannt war, auf den Nagelkopf gedrückt.

Die Bestimmung der Nagelausziehfestigkeit wurde in den USA vereinheitlicht (s. ASTM 1037-72).

5.5.3 Lochleibungsfestigkeit

Für die Beurteilung der Festigkeit von Verbindungen von Spanplatten mit
anderen Werkstoffen mittels Bolzen und ähnlichem, dient die Lochleibungsfestigkeit. Als Lochleibungsfestigkeit wird der maximale Widerstand der Lochwandung gegen das Eindrücken eines zylindrischen Körpers
verstanden.

Gressel (1981) hat nach einem von Mörath entwickelten Verfahren die
Lochleibungsfestigkeit von Spanplatten bestimmt. Die Abmessungen der
Prüfkörper variieren je nach Plattendicke und dem Durchmesser des ein-
zudrückenden Stiftes.

Die Berechnung der Lochleibungsfestigkeit erfolgt nach:

$$\beta = \frac{\max F}{a \times d} \quad (N/mm^2), \text{ wobei}$$

$$\beta = \text{Lochleibungsfestigkeit } (N/mm^2)$$
$$\max F = \text{Höchstkraft } (N)$$
$$a = \text{Plattendicke } (mm) \text{ und}$$
$$d = \text{Durchmesser des Stiftes } (mm) \text{ sind.}$$

5.6 Dynamische Belastung

Baukonstruktionen werden durch ruhende Lasten (z.B. Eigengewicht) und
durch veränderliche Belastung (z.B. Wind) beansprucht. Im Hochbau
überwiegen die statischen Lasten bei weitem. Plattenförmige wandab-
schließende Baustoffe unterliegen auch Belastungen durch kurzfristig
einwirkende Kräfte, z.B. Stoß, oder langfristig durch Dauerschwingung.

5.6.1 Dauerschwingfestigkeit

Als Dauerschwingfestigkeit wird die Spannung bezeichnet, die ein Prüfkörper "unendlich" oft erträgt. Die Dauerschwingfestigkeit wird im sogenannten Wöhlerversuch ermittelt. Dabei pendelt die Belastung zwischen
einer Oberspannung und einer Unterspannung sinusförmig. Schwingt die
Belastung nur im Zugbereich, wird von Zugschwellbereich gesprochen,
entsprechend dem Druckschwellbereich, wenn nur Druckspannungen aufgebracht werden. Als Wechselspannungsversuch wird der Versuch mit Zug-
Oberspannung und Druck-Unterspannung bezeichnet (Reinhardt, 1973). Die
Lastspielfrequenz stellt die Anzahl der Lastspiele pro Minute dar.
Die Abhängigkeit der Bruchspannung von der Anzahl der Lastspiele wird
als Wöhler-Linie bezeichnet.

Kollmann und Krech (1961) haben Zugschwell- und Biegewechselfestigkeits-
versuche an Spanplatten durchgeführt. Für beide Belastungsfälle wurden
Schulterstäbe eingesetzt. Damals wurden jedoch Spanplatten mit relativ
niedrigen Rohdichten (um 600 kg/m³) eingesetzt.

Mit wechselnder Biegebelastung hat Okuma (1976) die Dauerfestigkeit
von Spanplatten in verschiedenen Klimaten bestimmt. Die Prüfanordnung
entsprach der des Vier-Schneidenversuchs. Die Proben wurden 76 Zyklen
pro Minute ausgesetzt. Die maximale Auslenkung der 500 x 25 x 19 mm
großen Biegestäbe betrug beidseitig 25 mm.

Zugschwellbelastungen wurden Spanplatten von Mc Natt und Werren
(1976) ausgesetzt. Für die Zugbelastung wurden etwa 25 cm lange und
5 cm breite Probekörper in eine Prüfmaschine eingespannt. Um Kerbwir-
kung an den Einspannköpfen zu vermeiden, wurden Schulterstäbe verwendet, d.h. an der Einspannung beginnend nimmt die Breite der Probe bis
zur Mitte hin langsam von 5 cm auf 4,5 cm ab.

Die Scherschwellfestigkeit wurde an 5 x 15 cm langen Proben ermittelt.
Die Probenenden wurden vollflächig einseitig auf Stahlplatten aufgeklebt. Die überstehenden Enden der Stahlplatten wurden in die Belastungsvorrichtung eingehängt.

Bei beiden Belastungsversuchen wurde mit einer Belastungsfrequenz von
900 Zyklen pro Minute gearbeitet.

5.6.2 Belastung durch Stoß

Verkleidungsplatten für Wände oder Verlegeplatten für Fußböden sind
neben der statischen Biegebelastung auch dynamischen Belastungen durch
Fall, Schlag oder Stoß ausgesetzt. Zur Charakterisierung der Stoß-
festigkeit dient die maximale Fallhöhe einer Kugel, bei der die Oberfläche noch nicht reißt, und der dazugehörige Durchmesser des Kugel-
abdruckes auf dem Prüfkörper.

Durchstoßversuche an plattenförmigen Werkstoffen hat Limberger (1976)
durchgeführt. Mit Hilfe dieser Versuche soll der Widerstand von Platten, die als Beplankungsmaterial leichter Wände verwendet werden,
gegenüber dem Aufprall harter Körper bewertet werden können. Als Maß
für den Widerstand wird die Durchstoßenergie herangezogen.

Einen Vergleich verschiedener Schlag- und Stoßbelastungen bei Spanplatten unter sehr praxisnahen Bedingungen haben Johnson und Haygreen
(1974) veröffentlicht.

5.6.2.1 Sandsacktest

Der Sandsacktest wird in den USA seit vielen Jahren für die Untersuchung verschiedener Baumaterialien eingesetzt. Man läßt einen etwa
27 kg (60 lbs.) schweren, sandgefüllten Ledersack mit 71 cm Länge
(28 inch) und 23 cm Durchmesser (9 inch) auf 1,2 x 1,2 m große Platten
aus verschiedenen Höhen fallen. Es wird bei 15 cm Höhe begonnen, und
die Fallhöhe wird um jeweils 15 cm erhöht, bis die Platte bricht. Es
wird empfohlen, den Sandsack nach jedem Aufprall durch Bewegen des Beu-
tels zu lockern. Beobachtet werden die Durchbiegung beim Aufprall, die
Rückstellung, bleibende Verformung sowie sonstige sichtbare Veränderungen. Die Ergebnisse sind unterschiedlich bei aufgenagelten oder auf
Unterlagehölzer geleimten Platten.

Nach gleichem Prinzip wird bei der Methode mit kleiner Fläche gearbeitet. Ein ebenfalls 27 kg schwerer Sack obiger Abmessung wird auf 40 x 40 cm große Plattenabschnitte geworfen. Die Platte wird jedoch allseitig in einem Stahlrahmen eingespannt, wobei die freie Fläche auf ca. 37 cm² reduziert werden muß.

Auch Superfesky (1975) hat die dynamische Belastung von Spanplatten mit einem ca. 27 kg schweren Sandsack geprüft (nach ASTM E 72-68). Die Versuchsanordnung ist in Bild 5.11 zu erkennen. Die Platten werden an ihren Längsseiten fest zwischen flächig aufliegenden Stahlplatten eingespannt. Einspannlänge und Fallhöhen können variiert werden.

Eine ähnliche Versuchsanordnung wird von zahlreichen Herstellern von Türen zur Prüfung von Türblättern aus Spanplatten angewendet.

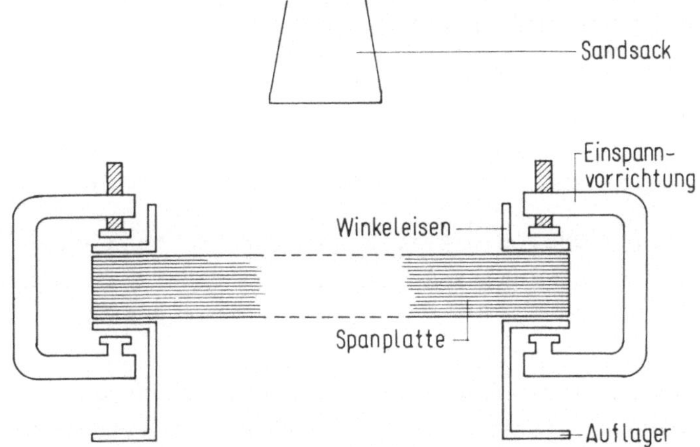

Bild 5.11: Versuchsanordnung beim Sandsacktest für großformatige Plattenabschnitte

5.6.2.2 Kugelfallversuch

In Abwandlung des Kugelfallversuchs für Schichtpreßstoffplatten wurde mit einer 3,6 kg schweren Stahlkugel gearbeitet, die aus 15 cm Fallhöhe beginnend mit jeweils 7,5 cm höherem Abstand fällt. Geprüft wurden 40 x 40 cm große Platten mit eingespannten Rändern, also mit 37 x 37 cm freier Fläche (Superfesky, 1975).

Mit dem Kugelfallgerät nach DIN 52 302 haben Winter und Heyer (1957) Spanplatten geprüft. Dabei fällt eine Kugel aus 240 cm Fallhöhe auf eine Spanplattenprobe von 26 x 26 cm.

5.6.2.3 Schlagbiegeversuch

Zur Messung der Biegeschlagarbeit an Spanplatten hat Kufner (1968) ein
Holzpendelschlaggerät umgebaut. Es wurde ein Schlaghammer mit einem
Arbeitsvermögen von 16,7 Nm verwendet. Wegen der Beeinträchtigung
durch die Reibungsarbeit des Schleppzeigers wurde eine berührungslose
Anzeige des Umkehrpunktes des Pendelhammers entwickelt.

Es wurden Proben quadratischen Querschnitts (Breite = Plattendicke) mit
Längen von dem 10fachen der Plattendicke + 50 mm geprüft.

Die Stützweite wurde verstellbar gemacht, damit verschieden dicke Platten geprüft werden können. Die Stützweiten sollen das 10fache des Plattendicke betragen.

5.7 Dauerstandbeanspruchung (Kriechen)

Unter Dauerstandbeanspruchung versteht man eine ruhende, über einen
längeren Zeitraum hin konstante Belastung. Die Dauerstandversuche können als Biege-, Zug-, Druck- oder Torsionsversuche ausgeführt werden.

Wird eine Probe einer über die Zeit konstanten Dehnung unterworfen,
wird der Versuch als Spannungsrelaxations- oder Entspannungsversuch
bezeichnet. Werden die Prüfkörper während der Versuchsdauer einer
konstanten Spannung ausgesetzt, heißt der Versuch Zeitstandversuch.
Gemessen wird hierbei die Zunahme der Verformung, das Kriechen oder
Deformationsretardation genannt (Oberst, 1963). Die Prinzipskizzen für
den zeitlichen Verlauf der Spannung und Dehnung gibt Bild 5.12.

Das Zeitstandbiegeverhalten hat für den Einsatz von Spanplatten die
größte Bedeutung.

Bryan (1960) soll, Gressel (1971) folgend, die ersten Zeitstandbiege-
versuche an Holzspanplatten durchgeführt haben. Heute werden die Lang-
zeitbiegeversuche im wesentlichen als Vier-Punkt-Belastungsversuche
mit konstantem Biegemoment im Mittelteil ausgeführt. Gressel (1971)
hat die Last selbst über ein Hebelsystem auf die beiden Auflager der
Lastbrücke übertragen. Zweckmäßigerweise werden die Formänderungen
innerhalb des querkraftfreien Bereiches der Biegeproben gemessen
(Bild 5.13).

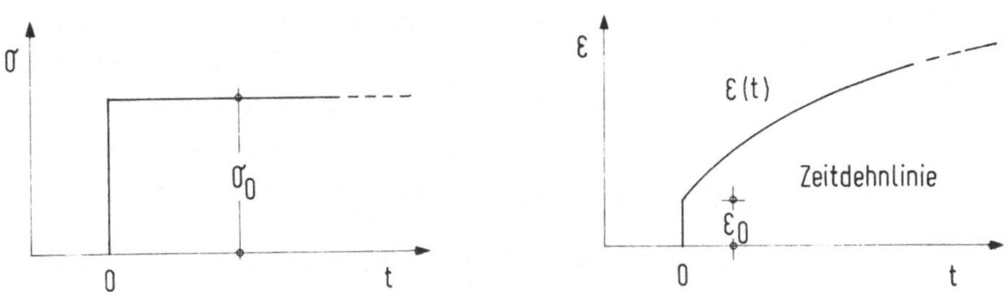

Bild 5.12: Zeitlicher Verlauf von Spannung σ und Dehnung ϵ beim Zeitstandversuch zur Ermittlung des Kriechverhaltens von Spanplatten

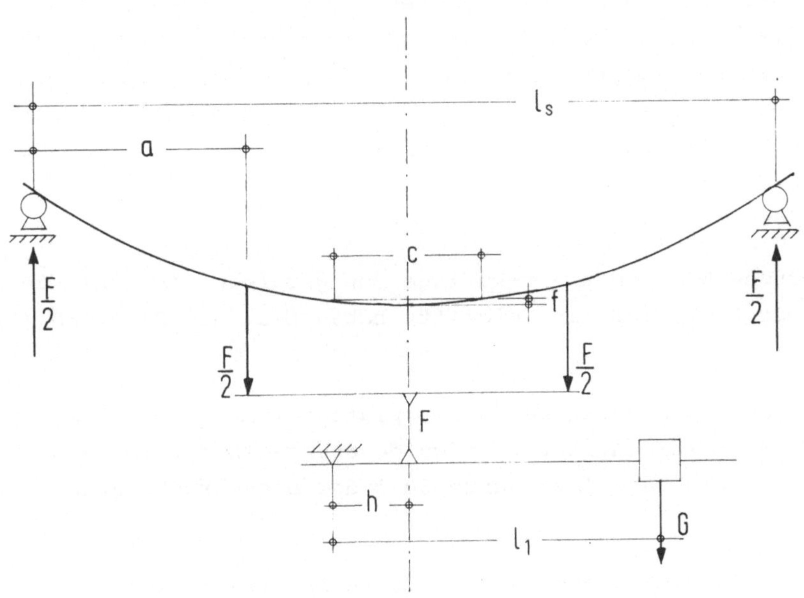

Bild 5.13: Versuchsanordnung zur Vierpunkt-Biegebelastung von Holzspanplatten zur Ermittlung des Zeitstandbiegeverhaltens

l_s - Spannweite
a - 1/4 der Spannweite
c - 1/3 der Spannweite
F - Kräfte
G - Gewicht

Die Kraft F wird über ein Hebelsystem auf die beiden Auflager der Lastbrücke übertragen. Die Formänderungen werden über der Meßstrecke c gemessen.

Zur Darstellung der Meßergebnisse hat sich in Mitteleuropa eingeführt,
die Meßwerte der Durchbiegungen als Funktion von der Zeit aufzutragen.
Es wird das "absolute Kriechen" dargestellt. Die auf die Anfangsdurch-
biegungen f_a bezogenen Formänderungen zum späteren Zeitpunkt f_t werden
als "relatives Kriechen" bezeichnet. Diese können auch in Abhängigkeit
von der Versuchsdauer graphisch aufgezeichnet werden.

Einfachere Belastungsvorrichtungen wurden von Walter (1977) beschrieben. Die Kräfte werden durch Anhängen von Lasten aufgebracht. Die Belastung hat stoßfrei zu erfolgen, und die Anfangsdurchbiegung wird kurze
Zeit nach Lastaufbringung gemessen. Die Durchbiegung kann mit einer
Meßuhr abgelesen werden.

Kratz (1969) hat das Dauerbiegeverhalten von Spanplatten im Dreipunkt-
versuch geprüft. Dazu wurde die Last senkrecht auf in zwei Stützen eingespannten Spanplattenproben über Kniehebel in Probenmitte aufgebracht.
Durch verschieden schwere Gewichte an den Belastungshebeln können
unterschiedliche Biegelasten aufgebracht werden. Die Durchbiegung der
Proben kann elektrisch abgenommen oder mit einer mechanischen Meß-
brücke ermittelt werden.

Ähnliche Versuche mit Dreipunkt-Auflage von großformatigen Platten-
zuschnitten mit Linienlast in Feldmitte haben Hall and Haygreen (1978)
beschrieben.

Niemz (1980) hat Kriechversuche an Spanplatten für den Möbelbau in
konstantem Klima veröffentlicht. Es wurde ebenfalls der Vierschneiden-
versuch gewählt. Als Dauerlast wurde 30 % der Biegebruchspannung auf-
gegeben.

Das Kriechverhalten ist abhängig von der Materialfeuchtigkeit, von der
Temperatur und von der Belastungshöhe. Die Ergebnisse von kleinen Proben im Labor werden deshalb nur mit Hilfe von Umrechnungsfaktoren auf
praktische Fälle übertragbar sein. Es ist außerdem bei der Versuchsdurchführung zu beachten, daß die Dickenänderungen der Proben bei
Klimawechsel getrennt gemessen werden müssen und von den Formänderungen abgerechnet werden. Durch Verlegung der Durchbiegungsmessung in
die Biegelinie kann die Durchbiegung unabhängig von den Dickenänderungen gemessen werden.

Der Dauerstandbiegeversuch hat in der Bundesrepublik Deutschland für
die Neuzulassung von Spanplattenleimen inzwischen neben den Bewitte-
rungsprüfungen (s. Abschnitt 6.1) entscheidende Bedeutung erlangt.

5.8 Zerstörungsfreie Prüfung

Die zerstörungsfreie Werkstoffprüfung ist für Metalle und Beton weiter entwickelt als für Holz und Holzwerkstoffe. Einen Überblick über die verschiedenen Verfahren gibt Diem (1982).

Ohne Zerstörung der Werkstoffe können nur deren elastische Eigenschaften geprüft oder Fehlstellen geortet werden. Festigkeiten können dann über Korrelationen mit den elastischen Eigenschaften geschätzt werden. Allerdings gibt es für Bauspanplatten keine allgemein gültigen Korrelationen, sondern nur werksinterne, typenbezogene Zusammenhänge, wie Gressel (1981) und Lobenhoffer (1982) feststellen.

5.8.1 Prüfung elastischer Eigenschaften

Zerstörungsfrei geprüft wird durch Schwingungserregung mit Kontakt zum Werkstoff. Dann werden die Resonanzfrequenz der Probe oder die Laufzeit der Wellen gemessen. Fehlstellen können mit Hilfe der berührungsfreien Durchstrahlung aufgenommen werden.

Zur Erfassung der elastischen Eigenschaften kam Becker (1967) zu dem Ergebnis, daß das Durchschallverfahren bei Spanplatten nicht anwendbar ist. Erfolgreich ist aber die Impulslaufzeitmessung.

Erst mit der Entwicklung von kompakten und transportablen Geräten sowie von Schallsendern und -empfängern, die ohne kontaktvermittelte Flüssigkeiten oder Kunststoffe auskommen, wurde die Ultraschallmethode für die Praxis diskutierbar. Von Pellerin (1974) wurde ein Gerät vorgestellt.

Unter Anwendung dieses Gerätes konnten Gerhards und Floeter (1982) die elastischen Eigenschaften von 2,5 x 1 m großen Bauspanplattenzuschnitten messen.

Die Plattenzuschnitte werden auf einen Rahmen gelegt. An einer Seite wird der Impuls aufgebracht, auf der gegenüberliegenden Seite die Laufzeiten abgenommen. Dabei werden die Impuls-Laufzeiten einer 40 MHz-Frequenz gemessen. Bei diesen amerikanischen Messungen an Spanplatten mit großen Spänen stellte sich heraus, daß zwischen den Ultraschall-Elastizitätsmodulen von großen und kleinen Proben nur eine schwache Korrelation besteht. Ebenso waren die Elastizitätsmodulen längs und quer zur Herstellungsrichtung schlecht korreliert. Für diese Unter-

schiede sind nicht zuletzt die Schwankungen der Materialeigenschaften
(Dichte und Dicke) zwischen den Einzelproben verantwortlich.

Die elastischen Eigenschaften von kleinen schlanken Probekörpern können auch mit der Ultraschall-Resonanzfrequenzmethode bestimmt werden.
Die Schwingung wird mit speziellen akustischen Wandlern angeregt. Die
aufgebrachte Schwingungsamplitude ist sehr klein. Durch Verändern der
Erregerfrequenz läßt sich mit einem empfindlichen Empfänger die Resonanzfrequenz finden. Sobald die Eigenschwingungen des Prüfkörpers mit
der Erregerfrequenz übereinstimmen, wird die Schwingungsbreite ein
Maximum. Es sind Longitudinalschwingungen, Biegeschwingungen und
Torsionsschwingungen meßbar.

Ausführliche Ergebnisse über die Messung der Elastizitätsmoduln bei
Biegeschwingungen nach der Resonanzfrequenzmethode hat Schneider (1966)
veröffentlicht. Die Untersuchungen wurden an prismatischen Proben von
Spanplatten und Furnierplatten in verschiedenen Klimaten durchgeführt.
Die Anwendung dieses Verfahrens dürfte wohl auf den Labormaßstab begrenzt bleiben, da die Schwingungsmessung von Platten sehr umfangreich
ist.

Geimer (1981) hat die Spanorientierung indirekt über die Schallwellen-
ausbreitung in zwei aufeinander senkrecht stehenden Richtungen ermittelt. Mit einem James-V-meter wurden die Schallwellen erzeugt und in
Proben von 76 x 229 mm eingeleitet. Die Geschwindigkeit der Schall-
wellenausbreitung in beiden Richtungen wurde gemessen. Der Quotient
aus beiden Werten ergibt ein Maß für den Grad der Orientierung der
Späne. Diese Maßzahlen stimmen gut mit den Quotienten der Biege-
Elastizitätsmoduln in beiden Belastungsrichtungen überein, erwartungsgemäß nicht aber mit den Quotienten der Festigkeiten.

Es ist aber auch möglich, über die Durchbiegung von Platten infolge
des Eigengewichtes die Elastizitätsmoduln zu errechnen. Gerhards und
Floeter (1982) geben für diesen Belastungsfall eine Berechnungsformel
an:

$$E = 8.627 \; (10^{-11}) \; D \; L^4 / (T^2 \, \rho)$$

woraus sich der Elastizitätsmodul in 10^6 lb / in^2 errechnet.

In dieser Gleichung bedeuten:

E = Elastizitätsmodul
D = Dichte in lb/ft³
L = Stützweite in inch
T = Plattendicke in inch
ρ = Durchbiegung in Plattenmitte in inches

Diese Gleichung gilt nur bei großen Spannweiten, da dann die Schubverformung vernachlässigt werden kann.

Johannesen und Mørkved (1972) haben ein Gerät zur Durchbiegungsmessung von großen Spanplattenzuschnitten entwickelt. Dabei wird die Elastizität von Platten mit einem Sollwert verglichen. Dazu werden große Plattenzuschnitte (62 cm x 242 cm) auf zwei Auflageböcke mit Abstand, also Spannweite, von 220 cm aufgelegt. Die Durchbiegung infolge Eigengewicht wird mit einem induktiven Wegaufnehmer registriert. Anschliessend wird eine Zusatzlast über einen 65 cm breiten mittig angeordneten Druckstab aufgebracht und die Gesamtdurchbiegung gemessen (Bild 5.14).

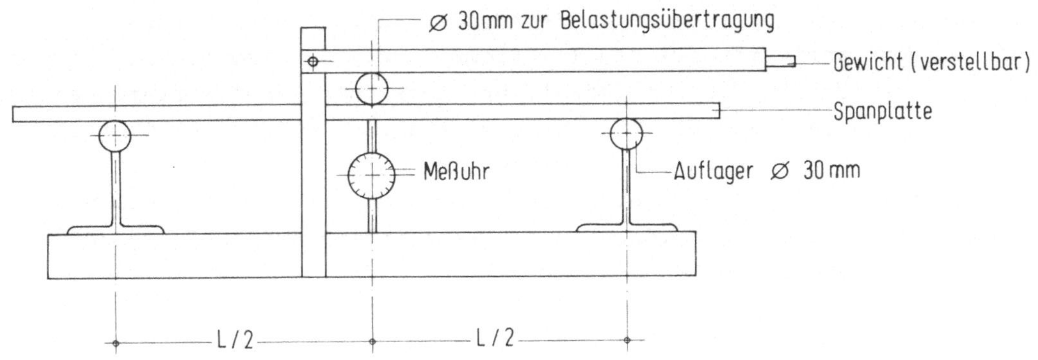

Bild 5.14: Schematische Darstellung des Gerätes zur Durchbiegungsmessung von großformatigen Spanplattenzuschnitten (n. Johannesen und Mørkved, 1972).

Das Gerät kann so eingestellt werden, daß die Durchbiegung mit einem Sollwert verglichen wird, und je nach Über- oder Unterschreitung die Spanplattenzuschnitte zu verschiedenen Abstapelvorrichtungen zugeführt werden. Soll das Gerät an ungeschliffenen kalten oder heißen Platten eingesetzt werden, müssen erst Korrelationen mit den Grenzwerten der Durchbiegung an klimatisierten, für die Anwendung verkaufsfertigen Zuschnitten erarbeitet werden.

5.8.2 Fehlstellenortung

Nach Meinung von Pizurin und Sobasko (1979) sollte die Ultraschall-
defektoskopie eingesetzt werden, bevor die eigentliche Prüfung der
Eigenschaften erfolgt. Mit dem Aussortieren der fehlerhaften Platten
(Blasen, Fehlklebungen und Lockerstellen) wird die zu prüfende Charge
homogener, und die Ultraschallmessungen passen besser zu den konven-
tionellen Meßergebnissen.

Die ersten Untersuchungen über die Möglichkeiten, mittels Ultraschall
Fehler in Spanplatten zu erkennen, liegen von Becker (1967) vor.
Becker konnte mit Frequenzen zwischen 0,1 und 1 MHz Fehlstellen (z.B.
Spalter) orten.

Zwischenzeitlich sind auch Geräte für die Praxis entwickelt, mit denen
im Wege der Durchstrahlung mit Ultraschall einige Fehler im Produk-
tionsprozeß lokalisiert werden können (z.B. Greten, 1980). Dabei werden
die Spanplatten im Durchlauf von oben nach unten durchstrahlt.

Eine Fehlerortungsanlage mit Hilfe von Laserstrahlen wird für die kontinuierliche Kontrolle von Spanplattenoberflächen oder Oberflächen
anderer Werkstoffe beschrieben (s. Niemz, 1982). Bei dem als Laserorter
bezeichneten Gerät wird ein Laserlichtstrahl über einen rotierenden
Polygonspiegel auf die Plattenbreite gestrahlt. Der von den Oberflächen
reflektierte Strahl wird über eine Empfangseinheit in ein elektrisches
Signal umgewandelt. Die Abweichungen vom Normalwert der Reflexion sollen auf Oberflächenfehler, z.B. unausgeschliffene Stellen, Öl- und
Fettflecke, zurückzuführen sein.

Die Dicke des Spanvlieses und deren Unregelmäßigkeiten kann nach der
Streumaschine berührungslos und kontinuierlich mit Laserstrahlen erfaßt
und aufgezeichnet werden (Kleinschmidt, 1983). Dabei bildet der Laser-
strahl einen Lichtpunkt auf der Oberfläche des Vlieses. Der Lichtpunkt
wandert durch Drehen der Strahlenquelle quer zur Herstellungsrichtung
über den Spankuchen. Mit Hilfe einer Kamera wird das Querprofil aufgenommen.

6 Eigenschaften der Spanplattenoberfläche

Nach langjährigen Untersuchungen über die Oberflächeneigenschaften von Spanplatten und den Zusammenhängen mit der Weiterverarbeitung hat Neusser (s. z.B. 1982) den Komplex der Oberflächenqualität umfassend beschrieben.

Böhme (1980) hat die Formänderungen der Spanplattenoberfläche während der industriellen Oberflächenveredelung dargestellt und mit den Eigenschaften der Spanplatten in Zusammenhang gebracht. In Anlehnung an Neusser (1982) sind die Eigenschaften in 8 Gruppen zu untergliedern:

1. Die Farbe wird bestimmt durch die Holzart, den Rindenanteil und die Bindemittelart.

2. Die Oberflächenstruktur ergibt sich aus den Spanarten, der Spangrößenverteilung und der Spanorientierung.

3. Die Glätte der Oberfläche ist zu beschreiben mit Hilfe der Schliffrauheit, der Porigkeit und dem Kantenzustand.

4. Die Dichte der Deckschicht leitet sich aus dem Rohdichteprofil ab.

5. Die Festigkeit der Oberfläche ist zu quantifizieren mit den verschiedenen Härteprüfungen, der Decklagenabhebefestigkeit sowie der Zug- und Druckelastizität in Plattenebene. Mit biegefähigen Veredelungen läßt sich auch die Abschälfestigkeit ermitteln.

6. Das Quellverhalten der Deckschicht ergibt sich aus der Feuchtigkeit, der Saugfähigkeit, der Oberflächenunruhe, der Ebenheit, der Dickenquellung, der Längenquellung.

7. Der Diffusionswiderstand der Platten für Wasserdampf, Formaldehyd, Luft und Lösungsmittel nimmt Einfluß auf verfahrenstechnische Temperatur- und Zeitgestaltung.

8. Die chemischen-physikalischen Eigenschaften wie pH-Wert und Benetzbarkeit der Spanoberflächen sind beim Beschichten bzw. Lackieren
   zu berücksichtigen.

Verschiedene Methoden zur Bestimmung dieser Eigenschaften sind schon
in den vorhergehenden Kapiteln beschrieben worden. In diesem Kapitel
sind noch die Methoden zu erläutern für:

Die Farbmessung
Die Glanzgradmessung
Die Härteprüfung
Die Ermittlung der Oberflächengestalt
Die Porigkeit
Das Saugverhalten

Bei der visuellen Beurteilung von Oberflächen ist es zweckmäßig, einen
Beobachtungsabstand zu vereinbaren. Aufgrund des Akkomodationsvermögens
des Auges empfiehlt sich ein Beobachtungsabstand von 0,4 m (DIN 58 220,
Blatt 4), dem auch Brillen angepaßt werden. Einen geringeren Abstand,
z.B. 0,25 m, können häufig nur Jugendliche akkommodieren. Größere
Beurteilungsabstände können sich aus dem Anwendungsbereich des Fertig-
produktes, z.B. bei Deckenverkleidungen, ergeben.

6.1 Farbmessung

Der visuelle Vergleich von zwei oder mehreren Mustern mit gleicher Farbe
unterliegt zahlreichen objektiven und subjektiven Einflüssen. Beispielsweise kann das Auge verschiedene "Farben" feststellen, wenn die Proben
unterschiedlich beleuchtet werden. Tageslichtbeleuchtung oder das Be-
trachten unter weißem oder gelbem Licht kann nicht nur infolge der
Metamerie unterschiedlichen Farbeindruck bewirken. Bei strukturierten
Oberflächen beeinflussen auch der Oberflächenglanz und der Lichteinfall-
winkel den subjektiven Farbeindruck. Zudem werden die für den Farbeindruck ausschlaggebenden lang- und kurzwelligen Anteile im reflektierten Licht von der Netzhaut individuell unterschiedlich aufgenommen
(s. dazu auch Arnheim, 1965).

Der Farbeindruck entsteht durch die Mischung der Farbreize blau, rot
und grün, innerhalb des Wellenlängenbereiches von etwa 380 nm (Ultra-
violett) bis ca. 780 nm (Infrarot).

Um die individuellen Einflüsse in der Beurteilung eines Farbeindruckes
zu reduzieren, wurde versucht, die Farbe objektiv zu beschreiben. Jeder Farbe sollte möglichst eine oder mehrere Kennzahlen zuzuordnen sein.
Diese Kennzahlen sollen auch bei Wiederholungsmessungen zu reproduzie-
ren sein. Das DIN-Farbsystem hat sich international nicht durchsetzen
können. Von der internationalen Normenorganisation, ISO, wird z.Zt.
ein Farbsystem diskutiert, auf das man sich weltweit zu verständigen
sucht. Dabei werden dem schwedischen Natural Color System gute Chancen
eingeräumt.

Die Farbmeßgeräte gehen nun von definierten Lichtquellen aus, die die
Probe beleuchten. Als genormte Lichtquellen können die CIE Normlichtart C, entsprechend einem mittleren Tageslicht, oder die Normlichtart
D 65, mit einem dem Tageslicht entsprechenden UV-Anteil eingesetzt
werden.

Bei dem Farbmeßgerät nach Dr. Lange, das Farbmeßgerät FDC 5 der Firma
ZEISS arbeitet nach ähnlichem Prinzip, wird die Probe streifend unter
einem Winkel von 0° beleuchtet.

Das diffus reflektierte Licht wird auf ein Photoelement mit einem Winkel von 45° reflektiert. Die angestrahlte Probe reflektiert nun je
nach ihrer Farbe eine Mischung von roten, blauen und grünen Wellenlängen. Durch Einsetzen von drei Filtern, dem roten, blauen und grünen, erhält man die entsprechenden Remissionswerte. Die jeweiligen
Meßwerte werden als Normfarbwert XYZ nach DIN 5033 zusammengefaßt.
Damit ist ein Farbeindruck eindeutig gekennzeichnet. Die Normfarb-
werte können in die prozentualen Normfarbwertanteile umgerechnet werden. Die graphische Darstellung ist in einem Farbdreieck möglich.

In der Mitte der DIN-Farbtafel liegt der Weiß- oder Unbuntpunkt. Auf
einer Geraden zwischen dem Weißpunkt und einem Randpunkt liegen die
Farben gleichen Farbtons, aber unterschiedlicher Farbsättigung. Die
Sättigung nimmt vom Weißpunkt bis zum Schnittpunkt mit der äußeren
Begrenzungslinie zu. Dieser Schnittpunkt gibt die Wellenlänge (nm)
aller auf der Geraden liegenden Farborte an. Als senkrechte Raumachse
auf die Farbebene wird das Maß für die Helligkeit angegeben.

Je nach Gerät sind diese Berechnungen üblicherweise computerisiert.
Sie können je nach Programmwahl als Einzelwerte ausgedruckt oder wei-
terverarbeitet werden (s. z.B. Schultze, 1975; Brücker, 1979).

Wenn auch zwischenzeitlich die Farbmeßgeräte weit verbreitet sind, darf
man sich nicht der Illusion hingeben, alle Farbabweichungen damit aus-
schalten zu können. Eine visuelle Kontrolle von Vergleichsmustern in
schwarz angestrichenen Räumen mit Normlichtartbeleuchtung sollte nicht
unterbleiben. Einfache Möglichkeiten bietet der Farbvergleich im Freien
bei diffusem Lichteinfall. Diffuse Lichtbestrahlung findet man meist an
schattigen Plätzen oder an den Nordwänden von Gebäuden. Die zu vergleichenden Proben sollten in der Lage, die dem späteren Gebrauch nahe
kommt, waagerecht oder senkrecht beurteilt werden.

6.2 Glanzgradmessung

Durch die Reflexion des Lichtes auf der Spanplattenoberfläche entsteht
auch der Glanzeindruck. Dieses optische Kriterium ist ein wichtiges
Merkmal für die Beurteilung der Oberflächen von unbeschichteten und
lackierten oder auch folierten Spanplatten.

Der Glanz kann unterschiedlich sein, je nach der Art und nach der
Gleichmäßigkeit streifig oder homogen.

Weit verbreitet ist die Glanzmessung nach Lange. Dabei wird die Oberfläche von einer konstanten Lichtquelle unter einem bestimmten Winkel
(45° oder 60°) bestrahlt und die reflektierte Lichtmenge mit einer
Photozelle gemessen. Der Glanzgrad wird dann als Vergleich mit der
Reflektion einer Schwarzglasplatte in Prozent angegeben. Es können
die direkt zurückgestrahlte Lichtmenge oder das diffus zurückgestrahlte
Licht gemessen werden. Der schematische Aufbau eines Glanzgradmeßgerä-
tes ist in Bild 6.1 dargestellt. In neuesten Geräten ist die Anzeige
digitalisiert.

Eine weitere Möglichkeit der Messung des Glanzgrades besteht in der
Ermittlung der Feinrauheit der Oberfläche unter Anwendung eines
Abtastgerätes (s. Kapitel 7.4.).

6.3 Härtemessungen

Allgemein wird unter der Härte eines Werkstoffes sein Widerstand gegen
elastische und plastische Formänderungen an der Oberfläche verstanden.
Diese Formänderungen werden meist durch Eindringen eines härteren Körpers verursacht.

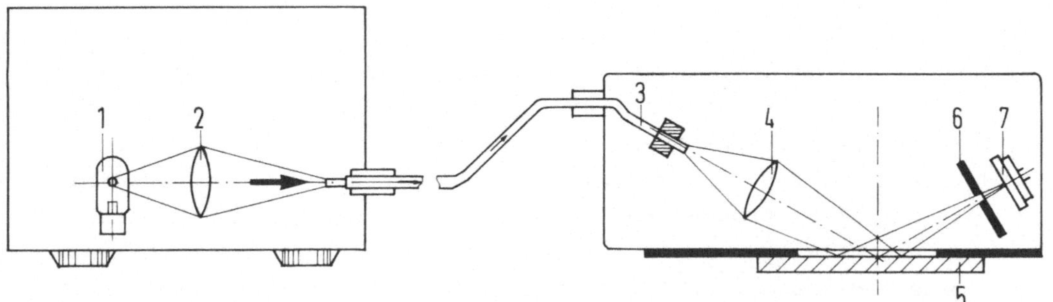

Bild 6.1: Prinzip der Glanzgradmeßgeräte nach DIN 67530, ISO 2813
          und ASTM D 523.
          1 Lichtquelle
          2 Linsen
          3 Lichtleitkabel
          4 Linsen
          5 Prüfkörper
          6 Blende
          7 Fotoelement (Empfänger)

Es wurden eine Vielzahl von Härteprüfungen entwickelt. Zum einen wurden dabei die unterschiedlichen Belastungsarten einer Oberfläche mit spitzen oder stumpfen Körpern, zum anderen die verschiedenen Belastungsgeschwindigkeiten simuliert. Statische und dynamische Belastungsversuche dienen zur Beschreibung der Härte von Materialien (Ritz-, Druckhärte).

Aufgrund der geringen Härte von Holzspanplatten reicht es aus, die eindringenden Körper aus Stahl zu wählen. Diamantpyramiden (Vickers-Härte) oder Diamantkugeln (Rockwell-Härte) sind zur Untersuchung von beschichteten Holzwerkstoffen eingesetzt worden (Neusser et al., 1974; Starecky, 1979).

6.3.1 Brinell-Härte

Das Prinzip der Härteprüfung nach Brinell besteht darin, daß eine Stahlkugel mit definiertem Durchmesser und unter definierter Last in die Probe eingedrückt wird. Als Maßzahl wird der Durchmesser des in der Oberfläche entstandenen Eindruckes gemessen. Infolge der Anisotropie der Spanplatten können sich erhebliche Schwierigkeiten bei der Ermittlung des entstandenen Kalottendurchmessers ergeben. Dies gilt besonders für Spanplatten mit großflächigen Deckschichtspänen.

Teichgräber (1966) hat mit Kugeldurchmesser von 10 mm ein Belastungs-
gewicht von 0.5 kN auf Spanplattenoberflächen aufgebracht. Bei den
Untersuchungen von v. Bismarck und Mehlhorn (1973) wurden die Spanplatten mit feinen Deckschichtspänen ebenfalls mit einer 10 mm Stahl-
Kugel, aber 1 kN und 0.5 kN, belastet. Die Höchstlast wird innerhalb
von 15 s bei allen Proben erreicht, dann 30 s gehalten und hierauf in
15 s wieder entlastet. Die Brinell-Härte ergibt sich unmittelbar aus
dem Quotienten aus der aufgebrachten Last in N und der entstandenen
Kugelkalotte auf der Spanplattenoberfläche (N/mm^2).

6.3.2 Janka-Härte

Bei der Härtebestimmung nach Janka ist der Kugeldurchmesser auf genau
11,284 mm festgelegt (0,444 inch). Die Janka-Härte ist definiert als
die Kraft, die benötigt wird, diese Stahlkugel bis zur Hälfte ihres
Durchmessers in das Material einzudrücken. Die Janka-Härte wurde von
Barnes und Lyon (1978) an Platten für die Auskleidung von Wohnwagen
geprüft.

Die Härte nach Janka hat Chow (1976) an Holzwerkstoffen ermittelt.
Chow hat in Anlehnung an ASTM D 1037 die Oberflächen und die Schmalflächen von Spanplatten gemessen. Die Oberflächenhärte nach Janka
erreichte bei amerikanischen industriell hergestellten Spanplatten nur
30 bis 50 % der Härte der entsprechenden Holzarten. Die Probekörper
hatten eine Rohdichte von 0,67 g/cm^3 und waren im Normalklima kondi-
tioniert. Die Schmalflächenhärte betrug, gemessen in den Mittelschicht-
bereichen, nur etwa 50 % der Härte der Oberflächen.

Bei der Brinell-Härte und der Härte nach Janka werden die zu messenden
Flächen auch von Eigenschaften der Mittelschicht bestimmt.

Bessere Auswertbarkeit besteht bei den folgenden Härteprüfungen (s.
Kap. 6.3.3 und 6.3.4) der Spanplattenoberflächen, die von den Eigen-
schaften der Mittelschicht unabhängiger sind. Die Rückfederung der
Eindrücke wird insbesondere vom Rohdichteprofil beeinflußt.

6.3.3 Härte nach Höppler

Noack und Stöckmann (1966) haben mit einem Stahlkegel nach Höppler die
Härte von Holzwerkstoffoberflächen geprüft. Bei dem Höppler-Kegel han-

delt es sich um einen 6 mm dicken Stahlstift, der an der Spitze mit
einem Winkel von 53° 8' ausläuft. Diese Spitze wurde um 0,44 mm abge-
stumpft. Bei drei Kegeldruckbelastungen von p = 300, 460 und 620 N wurden mittlere Eindringtiefen von 1,3 bis 4 mm gemessen. Die Zeit für
Lastaufbringung und Entlastung betrug ca. 6 s. Die Belastung wurde
180 s aufrecht erhalten und die Tiefe nach 90 s Entlastung gemessen.
Es zeigt sich, daß mit diesem Verfahren der Meßwert vor allem mit der
Dichte der Schicht korreliert, deren Dicke etwa der Eindringtiefe des
Kegelstumpfes entspricht. Insofern besteht Ähnlichkeit mit der von
Mayer-Wegelin zur Ermittlung der Rohdichteverteilung über einen Jahres-
ring an Massivholz angewendeten Nadelstichhärte.

6.3.4 Pendelhärte und Ritzhärte

Als Maß für die Härte einer Oberfläche läßt sich auch die Abnahme der
Schwingungsbreite eines auf der Prüfoberfläche schwingenden Pendels
einsetzen. Es handelt sich hierbei um eine Härteprüfung bei dynami-
scher Lastaufbringung. Die Pendelhärte nach DIN 53 157 unterscheidet
gut die Oberflächen beschichteter Spanplatten (Mitgau, 1979).

Die Ritzhärte, bei der eine in den Abmessungen genormte Diamantspitze
mit verschiedener Last, aber unter konstanter Belastung kreisförmig
auf der Prüfoberfläche gedreht wird, ist für oberflächenveredelte
Holzwerkstoffe genormt (DIN 53 799, Teil 10).

6.4 Messung der Oberflächengestalt

Die Gestalt der Spanplattenoberfläche kann mit Tastnadeln abgefahren
und dabei aufgezeichnet werden. Auch reflektierende Lichtstrahlen können die Oberflächen abbilden. Bei diesen Verfahren erhält man Maßzahlen. Eine direkte Abbildung der Oberflächen ist mittels Einfärben
der Oberflächen möglich (s. Abbildungsverfahren). Die Spanstruktur und
die Porigkeit sind Eigenschaften, die die Oberflächengestalt mitbestimmen. Das Saugverhalten der Oberfläche ist nicht zuletzt gestaltsabhän-
gig.

6.4.1 Reflektionsmethode

Zur Bestimmung der Oberflächengestalt haben Neusser und Krames (1971)
die Reflektionsmethode entwickelt. Als Maßzahl für die Oberflächengestalt wird ein Fließpunkt definiert.

Dabei werden jeweils zwei gleichschenkelige Dreiecke mit den Schenkel-
längen von 300 mm und Basislängen von 1/ 2,5/ 5/ 10 und 20 mm auf
Diapositive aufgezeichnet. Die beiden Dreiecke werden auf das Dia so
gemalt, daß sie ein drittes mit gleichen Abmessungen einschließen. Die
Spitzen aller drei Dreiecke liegen in einem Punkt. Das Dia wird
175 mm entfernt von der Prüffläche senkrecht befestigt. Das Auge des
Betrachters soll auf der der Prüffläche entgegengesetzten Seite 350 mm
entfernt sein. Der Lichteinfall kommt durch das Dia in einem Winkel
von 15°.

Als Fließpunkt wird der Abstand von beiden schwarzen Dreiecken bezeichnet, an dem auf dem projizierten Dia die Keile visuell "zusammenflies-
sen". Die beiden schwarzen Keile sollen also auf dem Reflexbild nicht
mehr getrennt wahrnehmbar sein. Dieses Verfahren hat seine Grenzen bei
matten, schwach reflektierenden Oberflächen und wird deshalb für unbe-
schichtete Oberflächen von Spanplatten weniger geeignet sein.

6.4.2 Abtastmethoden

Das früheste Verfahren zur Beschreibung der Oberflächen durch Abtasten
wurde von Polovtseff (1961) entwickelt. Nach Allen (1979) liefert das
Verfahren auch bei Spanplatten mit feinen Oberflächen, wie sie im
Möbelbau Verwendung finden, brauchbare Ergebnisse. Es ist in BS 1811 :
Part 2 (1969) standardisiert.

Dieses Peak-Valley-Verfahren ergibt den PV-Wert zur Einstufung von
Spanplattenoberflächen. Neusser et al. (1974) hat damit wie folgt gearbeitet:

Entlang einer 100 mm langen Meßstrecke wird die Spanplattenoberfläche
mit einer Tastnadel abgefahren. Bei den sechs höchsten Kuppen jeder
Tastlinie wird an die Talsohle der nächsten tiefen Täler eine Tangente
gelegt und die Höhenabstände im Winkel von 90° gemessen. Die arithmetischen Mittelwerte dieser 6 Werte ergeben den PV-Wert. Oberflächen mit

PV-Werten von ca. 0,006 werden als gut bezeichnet. Gfeller und Reiter (1978) schlagen dieses Verfahren für Betriebsversuche vor.

Aufwendigere Verfahren, die genauere Tastschriebe ergeben, lassen sich herstellen, wenn Tastnadeln mit kleinen Spitzenradien langsam über die Spanplattenoberfläche geführt werden.

Solche **Profilschnittgeräte** sind seit langem im Handel erhältlich. Wenn die Meßstrecken den bei Holzwerkstoffen üblichen Abweichungen der Ober- flächengestalt angepaßt werden, können auch die für die Prüfung von Metalloberflächen üblichen Geräte eingesetzt werden. Die Tastwege soll- ten ein mehrfaches der Länge der größeren Späne in der Oberfläche be- tragen. Von Bismarck und Mehlhorn (1973) haben mit Mikrofühlern mit Tastnadelradien von 5 µm und Gleitkufen sowie mit einer Tastnadel mit Bezugsebene und einem Tastradius von 25 µm gearbeitet.

Die Tastschriebe können visuell begutachtet werden. Auch das Ausmessen von verschiedenen charakteristischen Amplituden ergibt Kennziffern für die Spanplattenoberfläche. Aus den Rauhtiefen können rechnerisch Mit- telwerte gebildet werden (s. z.B. Sparkes, 1979).

Eine Umsetzung der gesamten Tastschriebe, nicht nur von einzelnen Grös- sen, gelang Bismarck und Mehlhorn (1973) durch die **Frequenzanalyse** der abgetasteten Oberflächenprofile. Bei der Frequenzanalyse werden die elektrischen Signale über aktive Frequenzfilter geleitet und die elek- trische Arbeit als Meßwert angezeigt. Als Wellenlängen wurden der Be- reich von 0,17 mm bis 44 mm (0,08 bis 20 Hz) untersucht. Dieses Verfah- ren hat sich für die Unterscheidung der Mikro- und Makrogestalt von beschichteten und unbeschichteten Spanplatten bewährt. Es ermöglicht auch, die Gestaltveränderungen bei Feuchtigkeitsänderungen zu analysie- ren.

Mit der Aufzeichnung der Oberflächengestalt von Spanplatten lassen sich lokale Fehlstellen in der Spanplatte deutlich wiedergeben (Paulitsch et al., 1975). Auch die Kompensationswirkung verschiedener Werkstoffe zur Oberflächenveredelung ist sichtbar zu machen.

6.4.3 Abbildungsverfahren

Die Glättungstiefe hat Flemming (1957) mit dem **Pastentest** ermittelt. Eine kleine Menge gefärbter Testpaste wird auf die Oberfläche der Span- platte aufgebracht. Die Prüffläche mit der Testpaste wird mit einer

Plastikfolie abgedeckt, anschließend wird die Paste mit gleichmäßiger
Belastung ausgewalzt. Der Quotient aus der Menge der Testpaste und der
abgedeckten Fläche ist eine Kennzahl für die Rauheit und Porigkeit der
Oberfläche. Dieses Verfahren eignet sich zur schnellen und näherungs-
weisen Bestimmung eines Rauheitsmaßes vorzugsweise von Oberflächen mit
ausgeprägtem Relief.

Vorwiegend für großporige, rauhe Oberflächen eignet sich die Herstellung von **Abreibbildern** (Teichgräber, 1966). Dabei wird auf die Prüffläche ein dünnes, pausfähiges Zeichenpapier gelegt und mit einem Kohle-
papier so abgedeckt, daß die Farbseite zum Pauspapier zeigt. Dann wird
mit einem Kunststoffspachtel so lange hin und her gerieben, bis ein
Abreibbild entsteht.

Für die schnelle Stichprobenkontrolle der Oberflächengestalt reicht es
häufig auch aus, mit einer flachgelegten schwarzen Ölkreide die Oberfläche der Spanplatte quer zur Schleifrichtung anzufärben. Schleif-
unregelmäßigkeiten (Schleifrillen, Rattermarken oder Kornausbrüche),
aber auch porige Oberflächen, werden dabei deutlich gemacht. Unter
einer Lupe werden feinere Unregelmäßigkeiten in der Geschlossenheit
der Oberflächen sichtbar.

6.4.4 Spanstruktur an der Oberfläche

Sollen die Späne hinsichtlich ihrer Abmessungen oder Holzartenzusammen-
setzung usw. analysiert werden, bietet sich die Auflösung des Spanverbundes an. Das kann bei Aminoplastharzverleimung durch vorsichtiges
Erwärmen von Probematerial in Wasserstoffperoxid oder verdünnter Salzsäure geschehen. Nach Trocknung der Späne können Siebanalysen angefertigt werden.

Messungen mit Teilchengrößenanalysatoren direkt auf der Oberfläche
sind bisher nicht bekannt geworden.

Die einfachste, allerdings auch recht subjektive Methode, ist die mit
Vergleichsmustern. Bisher ist keine andere Methode aber geeignet, die
visuelle Beurteilung mit ihrer umfassenden Beurteilungsmöglichkeit zu
ersetzen. Dieses Verfahren wurde daher auch für die Festlegung der
Oberflächengüte von Flachpreßplatten für Oberflächenveredelung gewählt
(FPO-Platten DIN 68 761, Teil 4, Februar 1982).

6.4.5 Porigkeit der Oberfläche

Ein Verfahren zur Ermittlung der Porigkeit von Spanplattenoberflächen
haben v. Bismarck und Böttcher (1979) vorgeschlagen. Danach wird aus
dem Oberflächentastschrieb der **Profiltraganteil** berechnet. Eine gedachte
Schnittebene wird über den Tastschrieb gelegt. Mit zunehmender Tiefe
der Schnittebene nimmt die Porigkeit der Oberfläche ab, bzw. erhöht
sich der Traganteil der Späne. Aus dem zweidimensionalen Traganteil
läßt sich das dreidimensionale Porenvolumen errechnen. Auf diese Weise
sollen sich gut differenzierende Materialkennwerte für die Lackierbarkeit ergeben (Bild 6.2).

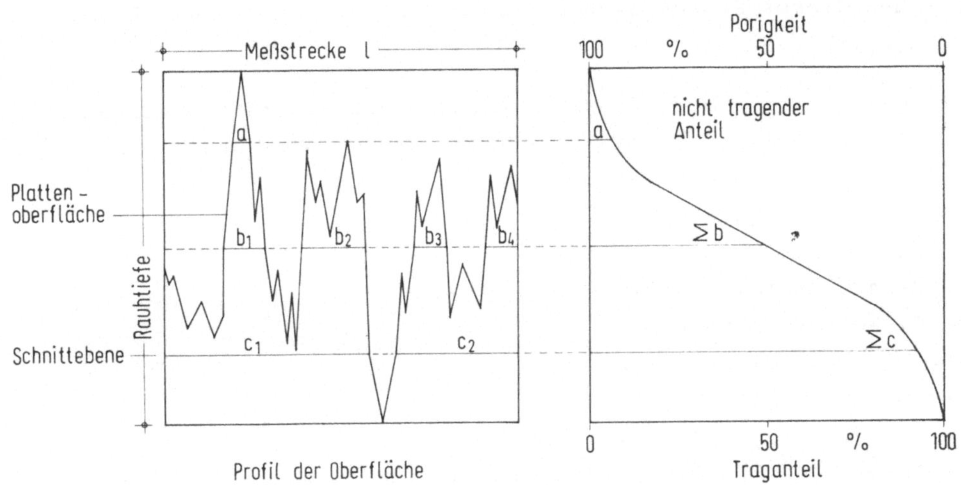

Bild 6.2: Schematische Darstellung von Oberflächenprofil und Trag-
anteilkurve von Spanplatten (n. v. Bismarck und Böttcher, 1979)
a, b, c - Schnittebene
$\Sigma b, \Sigma c$ - Summe der tragenden Flächen in der Schnittebene

Die Messungen des Luftdurchlasses mit dem Bendtsen-Gerät wird bei Papier als Maß für die Porigkeit angesehen. Nach eigenen Erfahrungen ist
dieses Gerät für die Beschreibung von Spanplattenoberflächen jedoch
nicht geeignet.

6.4.6 Saugverhalten

Das Saugverhalten ist sicherlich einerseits von den Eigenschaften der
Spanplattenoberfläche, andererseits aber auch von physikalischen Eigen-

schaften (Oberflächenspannung, Viskosität usw.) der Testsubstanz abhängig. Es kann also nicht angenommen werden, daß mit einer Testsubstanz das Saugverhalten einer Spanplatte umfassend beschrieben werden
könnte. Vielmehr sollte für jeden Anwendungszweck die geeignete Flüssigkeit (Lack, Leim usw.) geprüft werden.

Als Maß für das Saugverhalten von Spanplattenoberflächen wird die Zeit
gewertet, in der eine bestimmte Flüssigkeitsmenge aufgesaugt wird
(z.B. Reiter und Gfeller, 1978).

Auch die Wasseraufnahme einer auf einer Wasseroberfläche schwimmenden
Probe wird als ein Meßwert für das Saugverhalten vorgeschlagen. Die
Schmalflächen dieser Proben sind allerdings zu versiegeln (v. Bismarck
und Böttcher, 1979).

Kufner (1969) hat eine Apparatur zur Prüfung der Saugfähigkeit entwickelt, die von Reiter und Gfeller (1978) etwas abgewandelt wurde
(Bild 6.3). In die Spanplattenober-
fläche wird eine Ringnut mit 40 mm
Durchmesser gefräst. Die Ringnut
wird mit Dichtungsmasse gefüllt
und eine Glasglocke eingepreßt.
Die Glasglocke mit Verlängerungs-
rohr wird mit destilliertem Wasser
bis zu einer Wassersäule von 400
mm gefüllt. Als Maß für das Saug-
vermögen wird die Abnahme der
Höhe der Wassersäule in Abhängigkeit von der Versuchsdauer
angesehen.

Die Schwierigkeit der allgemein-
gültigen Beschreibung der Saugfähigkeit von Oberflächen zeigt
sich auch daran, daß zwischen den
Ergebnissen der Saugfähigkeits-
messung über die Wegschlagzeit
und die schwimmende Spanplattenprobe keine korrelativen Zusammenhänge bestehen (Reiter und
Gfeller, 1978).

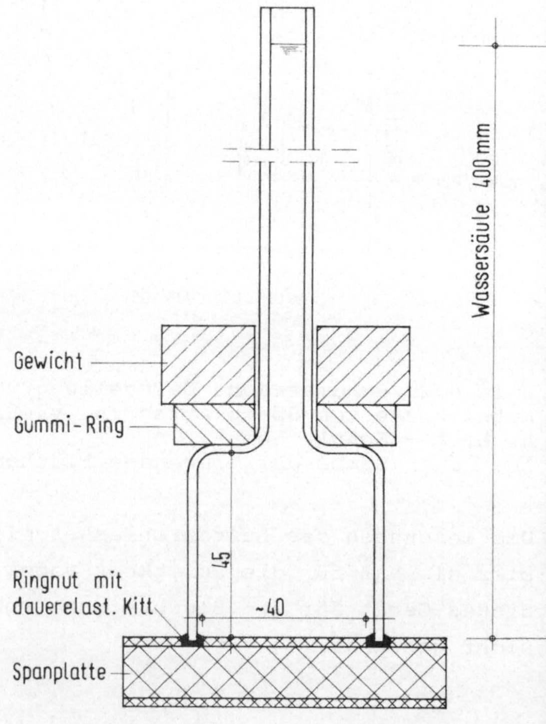

Bild 6.3: Apparatur zur Prüfung der
Saugfähigkeit von Spanplattenoberflächen

Sinnvoll erscheinen für die Bestimmung der Benetzbarkeit mit Lacken
usw. auch Randwinkelmessungen mit Prüfsubstanzen, die tropfenweise
auf Spanplattenoberflächen aufgebracht werden. Dabei kann der Randwinkel zu Beginn der Prüfung und seine Veränderung in Abhängigkeit
von der Einwirkdauer aussagekräftig sein und das Saugverhalten der
Oberfläche beschreiben. Dieses Verfahren ist z.B. bei Papieren für die
Dekorpapierimprägnierung angewendet worden (Chehata und Paulitsch,
1974).

7 Eigenschaften der Schmalflächen

In den vorhergehenden Kapiteln sind Eigenschaften von Oberflächen beschrieben, die auch an Schmalflächen der Spanplatten gemessen werden können (s. z.B. Härte, Oberflächenrauheit). Andere Meßmethoden, die von den Schmalflächen ausgehend die Mittelschicht beschreiben, z.B. die Einstichversuche, charakterisieren auch die Schmalflächen selbst.

Im folgenden Abschnitt werden noch die Meßverfahren für die Porosität der Schmalfläche und die Rauheit der Kanten beschrieben.

7.1 Porosität der Schmalfläche

Die Porosität oder "Offenheit" der Schmalflächen wird häufig als einfache, visuell ohne Hilfsmittel schnell zu beurteilende Eigenschaft von beschichteten oder unbeschichteten Spanplatten angesehen. In der Tat kann die "Offenheit" als Weiser für die Kantenhaftung, den Kleberverbrauch beim Kantenauffahren und für die "Ruhe" der Kantenoberfläche gelten. Allerdings sind Rückschlüsse auf die Querzugfestigkeit in dem Sinne, daß visuell offene Schmalflächen auf niedrige, geschlossene dichte Schmalflächen auf hohe Querzugfestigkeitswerte deuten, abzulehnen. Bei gleicher Beleimung, Rohdichte usw. wird die offene Schmalfläche - wegen Fehlen der Feinanteile - sogar mit höherer Querzugfestigkeit einhergehen, sofern es sich bei der beurteilten Spanplatte nicht um Ausbläser, Fehlschüttung oder ähnliche Unregelmäßigkeit handelt. Um objektive, reproduzierbare Eigenschaftswerte für die Porosität zu erhalten, wurden verschiedene Verfahren vorgeschlagen.

Bachmann (1969) bestimmte die Festigkeit der Schmalfläche in Anlehnung an TGL 1 - 185. Mit einem Schlaghärteprüfer wurden bei Schlagarbeit von 500 Ncm jeweils 3 Einschläge in die Schmalflächen eines Plattentyps ausgeführt. Es wurde ein quaderförmiger Eindringkörper mit einer Grundfläche von 20 x 3 mm² verwendet. Die Eindringtiefe wird mit einem

Tiefenmesser (z.B. Schieblehre) ermittelt. Erwartungsgemäß sind die Standardabweichungen der Meßwerte höher, je poröser die Spanplatten sind.

Ein weiteres von Bachmann vorgeschlagenes Verfahren arbeitet mit einem pneumatischen Meßkopf (40 mm x 30 mm) mit Meßdüse von 1 cm². Die Meßwerte am Ärometer werden in mm Wassersäule oder bar angezeigt.

Ähnlich dem Pastentest von Flemming für die Ermittlung der Oberflächenrauheit kann auch die Porosität der Schmalfläche durch Auftragen einer konstanten Menge zäher Paste festgestellt werden. Mit einer Rakel oder anderem Streichgerät sollte bei konstantem Anpreßdruck die Paste aufgezogen werden. Je kleiner die überdeckte Fläche, um so höher ist die Porosität.

Nach eigenen, bisher unveröffentlichten Untersuchungen eignet sich für die Beurteilung der Porosität auch die Prüfung der **Saugfähigkeit gegenüber** Paraffin. Die in bestimmter Zeit aufgenommene Paraffinmenge kann als Maß für die Porosität angesehen werden. Vorausgesetzt wird dabei, daß Paraffin nur in die Hohlräume zwischen den Spänen und nicht in die Hohlräume in den Spänen selbst eindringt. Dies kann durch Auswahl eines Hartparaffins und hohe Viskosität weitestgehend sichergestellt werden.

Für eine befriedigende Reproduzierbarkeit müssen mindestens 5 Prüfkörper, Format: 10 x 40 x d (mm³), gemessen werden. Die Tauchtränkung sollte in einem Trockenschrank vorgenommen werden, um die Temperatur konstant zu halten. Die Tauchtränkung sollte ca. 1 min erfolgen. Es hat sich herausgestellt, daß kürzere Zeiten stärker schwankende Werte zur Folge haben. Die Prüflinge sind nach der Tränkung abzukühlen und zum Schließen der großen Poren nochmals kurz zu tränken. Das allseitig oberflächig anhaftende Paraffin wird nach Erkalten mit einem Skalpell entfernt. Für die Auswertung eignet sich der rechnerische Bezug der Gewichtsaufnahme auf den Millimeter Plattendicke. Damit wird der unterschiedlichen Plattendicke bei gleicher Nenndicke Rechnung getragen. Oder es ist zu beachten, daß nur Platten gleicher Nenndicken verglichen werden, um den Einfluß unterschiedlicher Deckschicht- zu Mittelschichtanteile am Plattenquerschnitt bei den verschiedenen Plattenstärken zu vermeiden.

7.2 Kantenkontrolle

Plattenförmige Holzwerkstoffe mit unveredelter oder veredelter Oberfläche werden im Ablauf der Weiterverarbeitung bearbeitet. Diese Bearbeitung kann an der Kante mit Umfangsplanfräsern oder Sägen geschehen.
Während der Bearbeitung können Kantenausbrüche auch infolge des Schnei-
denverschleißes der Bearbeitungswerkzeuge auftreten.

Für Laborversuche kann das Zählen der Ausbrüche ausreichend sein. Die
Anzahl der Ausbrüche kann auf den Meter bearbeitete Kantenlänge bezogen werden und gilt dann als Maß für die Qualität der Werkstückkante
(Paulitsch,1975). Zweckmäßigerweise sollte auch nach der Größe der
Ausbrüche, also deren Ausdehnung in die Plattenebene, parallel und
senkrecht zur Verarbeitungsrichtung unterschieden werden. Dubenkropp
(1980) hat Ausbrüche erst gezählt, wenn ihre maximale Ausdehnung in
die Plattenebene 0,3 mm überschritt.

Es kann aber auch sinnvoll sein, Werkstückfehler direkt nach der Bearbeitung zu erfassen, damit in den Bearbeitungsprozeß eingegriffen werden kann.

Zur Erkennung und Bewertung solcher Werkstückfehler wurden mechanische Abtastsysteme und optische Systeme vorgestellt.

Ein von Dubenkropp (1980) beschriebenes Meßsystem arbeitet nach dem
Prinzip der mechanischen Abtastung der Kante (Bild 7.1). Es besteht aus
einem Schlitten, der über zwei Kufen an einer Oberfläche oder der
Schmalfläche des Werkstückes aufliegt. Zwischen den beiden Kufen wird
die Tastschneide oder Tastspitze geführt. Der Weg des Tastorgans wird
erfaßt und das Signal auf einem Schreiber gegeben. Das Tastsystem ist
dynamisch so abstimmbar, daß Tast-
geschwindigkeiten von 60 bis 80
m/min beherrschbar sind.

Münz (1984) hat ebenfalls ein Meßsystem mit einem mechanisch arbei-
tenden Tastkopf beschrieben. Dieses
System arbeitet wegen der niedrigen Tastgeschwindigkeit von
0,5 m/min allerdings nur unter
Laborbedingungen. Der Tastkopf
entspricht dem Prinzip eines

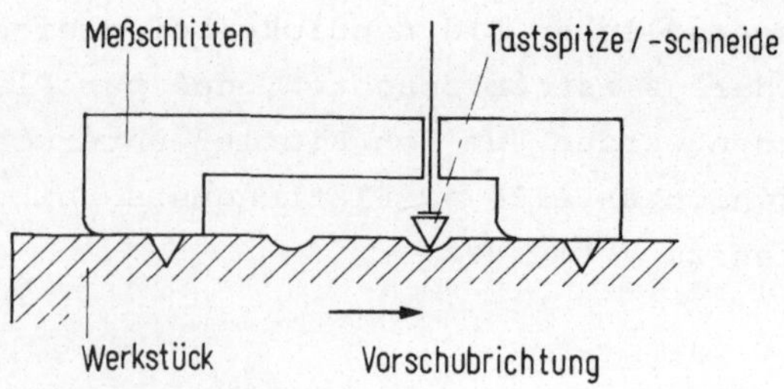

Bild 7.1: Prinzip eines Meßsystems
zur mechanischen Abtastung der Kante

induktiven Wegaufnehmers. Der Tastkopf wird an der Plattenkante unter
45° oder senkrecht an der Oberfläche entlanggeführt und die Kontur der
Kante abgefahren. Diese "Kantentastschriebe" können hinsichtlich Anzahl
und Länge der Ausbrüche ausgewertet werden.

Mit zwei optischen Sensoren (High resolution optical reflective sensors) erfassen Merkel und Mehlhorn (1980) die Oberfläche der Spanplatten am Rand, um die Werkstückqualität bestimmen zu können. Diese Sensoren beinhalten eine Lichtquelle und einen Fotodetektor, der den von
der Plattenoberfläche reflektierten Lichtstrahl in elektrischen Strom
umwandelt. Fotodiode und -detektor sind durch ein Linsensystem auf
einen Abtastpunkt abgestimmt (s. Bild 7.2).

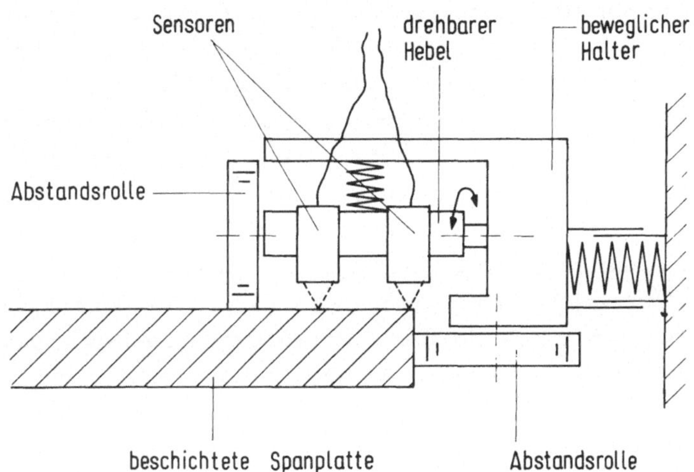

Bild 7.2: Prinzip der Vorrichtung zur optischen Erfassung des Span-
plattenkantenbereichs

Der Abtastpunkt eines Sensors wird in unmittelbare Kantennähe, der des
anderen Sensors auf eine von der Kante in größeren Abstand gewählte
Linie, ausgerichtet. Wenn der Abstand der Abtastpunkte beider Sensoren
von der Spanplattenoberfläche gleich ist, erhält der Differenzverstär-
ker gleiche Eingangsspannungen und seine Ausgangsspannung ist Null.

Erscheint nun in der Spanplatte ein Ausbruch, wird der Abstand des
Abtastpunktes vom Fotodetektor größer. Bei einem Kantenausbruch sind
die beiden Eingangsspannungen ungleich, so daß die Ausgangsspannung
des Differenzverstärkers als Maß für die Tiefe des Kantenausbruches
angesehen werden kann.

8 Alterungsbeständigkeit

Zahlreiche Faktoren können zum Abbau der Festigkeiten der Spanplatten und zur Auflösung des Plattenverbundes während der Nutzungsdauer beitragen. Diese Alterungsfaktoren wirken sowohl auf die Bestandteile des Holzes als auch auf die der Bindemittel. Es sind im wesentlichen chemische Effekte und die physikalischen Wirkungen aufgebrauchter Lasten. Meist ist die Wirkung dieser Faktoren aber nicht leicht voneinander zu trennen. Feuchtigkeitsänderungen oder Wassereinwirkung sind die Grundlagen der chemischen Veränderungen. Zu diesen Einflüssen kommen chemische Substanzen und Mikroorganismen hinzu. Die chemischen Einflüsse können Bindemittel, Holz und deren Grenzflächen beeinträchtigen. Andere chemische Prozesse können durch die Zusammensetzung des Holzes (Inhaltsstoffe) und des Bindemittels aber auch infolge von Schutzmittelzusätzen, sowie durch die Komponenten der Luft ausgelöst werden.

Physikalische Alterungsfaktoren sind Feuchtigkeitsänderungen, die Quellen und Schwinden des Holzes bewirken und somit die Spannungszustände zwischen den Spänen und die Eigenspannungszustände der Späne verändern. Häufig kommen noch äußere Lasten hinzu.

Die komplexen Einflüsse auf die Alterungsbeständigkeit können durch die Untersuchung der Witterungsbeständigkeit, der Bakterien- sowie der Pilz- und Insektenbeständigkeit erhellt werden.

8.1 Witterungsbeständigkeit

Bei der Prüfung der Witterungsbeständigkeit werden die Wirkungen von Feuchtigkeit/Wasser, Temperatur, Druck und Strahlung auf die Eigenschaften von Spanplatten ermittelt.

8.1.1 Natürliche Bewitterung

Untersuchungen zur Witterungsbeständigkeit von Holzspanplatten wurden
im Freibewitterungsversuch sowohl bei direkter Bewitterung als auch
unter Dach durchgeführt. Einige Belastungsbedingungen bei Freibewitte-
rungsversuchen sind in Tabelle 8.1 zusammengefaßt. Bei den Versuchsbedingungen sind hinsichtlich Himmelsrichtung und Expositionswinkel
sowie bezüglich der Abdeckung der Proben, der Probengröße und der
Kantenabdichtung unterschiedliche Entscheidungen getroffen worden. Für
die Auswahl der Versuchsbedingungen waren neben den Fragestellungen
die örtlichen Gegebenheiten in den Labors ausschlaggebend.

Tabelle 8.1: Untersuchungsbedingungen zur Prüfung der Bewitterungs-
             beständigkeit unter natürlichen Bedingungen

Exposition	Winkel	Dach	Probengröße	Kanten-abdichtg.	Autor
Süd	senkrecht	nein	508x 508 mm	nein	Beech et al., 1974
Süd	senkrecht	nein	1250x2500 mm	ja	Kratz, Mehlhorn, 1975
Süd	45°	nein	500x 250 mm	nein	Deppe et al.,1976
Süd/West	45°	ja			Gressel, 1980
West/Nord West	senkrecht	nein	1500x2300 mm	ja	Meierhofer u. Sell 1983

Bei der Prüfung kleiner Proben werden die Kanten meist nicht abgedichtet. Großflächige Wandelemente werden mit abgedichteten Schmalflächen
untersucht.

Für höchste Temperatureinwirkung durch Wärmestrahlung sorgt in Europa
die Südwestexposition.

Die verschiedenen Klimate während der Exposition in verschiedenen Prüf-
ständen werden zu deutlich unterschiedenen Feuchtigkeiten der Spanplatten führen (s. z.B. Kratz,1982), so daß ein Vergleich der Prüfergeb-
nisse erschwert wird. Infolge der Klimaunterschiede werden Prüfkörper
verschieden beansprucht, so daß es fraglich erscheint, ob es sinnvoll
ist, die Freibewitterungsversuche zu standardisieren. Noch nicht abgeschlossen sind Versuche, die aufwendigen und langwierigen Freilandbe-

witterungsversuche durch Kurzzeittests zu simulieren, um damit zu kürzeren Versuchszeiten und schnelleren Aussagen über verschiedene Eigenschaften und Einflußfaktoren zu kommen.

8.1.2 Technische Kurzzeitbewitterungsverfahren

In den Labors sind die Möglichkeiten, eine Druck-, Temperatur- und Feuchtigkeitsbelastung über verschiedene Belastungszeiten zu kombinieren, sehr unterschiedlich genutzt worden.

Für ein Kurzzeitbewitterungsverfahren gibt es keine einheitlichen Anhaltspunkte. Ziel aller Kombinationen der Belastungsbedingungen ist heute eine weitgehend praxisgerechte Simulation der natürlichen Bewitterungsbedingungen. Anfangs wurde mehr darauf geachtet, möglichst einen zeitraffenden Effekt zu erzielen. Deshalb wurden in den frühen Kurzzeitversuchen auch die Belastungsbedingungen extrem verschärft, z.B. Imprägnierung der Proben mit Wasser unter Vakuum oder Kochen im Wasser.

Als Probengrößen werden häufig Biegefestigkeitsprüfkörper oder Prüfkörper für die Querzugfestigkeitsprüfung gewählt.

Laidlaw und Beech (1973) haben Vergleichsuntersuchungen zwischen zweijähriger Freibewitterung und verschiedenen Kurzzeitbewitterungstests veröffentlicht. Sie empfehlen einen Zyklus aus Wasserlagerung, Frost und Trocknung. Dieser Test umfaßt nach vorhergehender Konditionierung der Proben im Normalklima 20/65 eine dreitägige Unterwasserlagerung bei 20°C, anschließendes Einfrieren bei -12°C und abschließende dreitägige Trocknung bei 70°C. Dieser Zyklus soll dreimal wiederholt werden. Der Test wurde als NF B 51-263: 1972 genormt.

Beech et al. (1974) stellten die Ergebnisse aus einer zweijährigen senkrechten Freibewitterung den verschiedenen Laborverfahren zur Simulation von Bewitterung gegenüber. Das Versuchsmaterial umfaßte harnstoff-melamin- und phenolformaldehydharzverleimte Industrie- und Laborplatten.

In einem Kurzzeitbewitterungstest kann nach amerikanischen Untersuchungen eine Außenbewitterung von etwa 12 Monaten simuliert werden. Der Test ist unter der Nr. D - 1 von der American Plywood Assoc. (1982) beschrieben.

Dazu werden die Proben in 65°C warmem Wasser für 8 Stunden unterge-
taucht. Anschließend werden die Proben bei ca. 85°C auf eine Feuchtigkeit getrocknet, die maximal 5 % höher sein darf als die Anfangsfeuch-
tigkeit vor der Wasserlagerung. Die Belastung der Proben erfolgt nach
etwa 90 minütiger Abkühlung bei Zimmertemperatur.

An der Bundesanstalt für Materialprüfung in Berlin wird ein Xenotest-
Prüfgerät 1200 als Prüfgerät für die Feuchtigkeitsbeständigkeit von
Spanplatten eingesetzt (Clad u. Schmidt-Hellerau, 1976). Damit soll
nicht unbedingt eine Kurzzeitbewitterung durchgeführt werden, sondern
ein Gerät getestet werden, das sich für die Prüfung von Klebstoffent-
wicklungen eignen könnte. Die genauen Beanspruchungsbedingungen hat
Deppe (1981) beschrieben.

Kaneda und Maku (1976) haben über die erfolgreiche Prüfung der Witterungsbeständigkeit von Leimverbindungen in Bewitterungskanälen (weather-
meter) berichtet.

Hierbei wurde die Kurzzeitbewitterung im wesentlichen mit den vier
Einflußgrößen 1) Druck, 2) Temperatur und 3) Feuchtigkeit als 3a) Wasser oder 3b) relative Luftfeuchtigkeit nach Amplitude und Frequenz
unterschiedlich kombiniert.

Anfänglich wurde versucht, durch die Verschärfung von einzelnen Witte-
rungsfaktoren wie Feuchtigkeit, Temperatur und auch Druck, zu raschen
Aussagen zu kommen. Man fand aber unbefriedigende Korrelationen zwischen den Ergebnissen aus Klimaexperimenten und aus den Bewitterungs-
versuchen unter natürlichen Bedingungen und im praktischen Einsatz.
Auch der Vapor-pressure-soak-test konnte sich nur für orientierende
Untersuchungen durchsetzen.

Wenn auch für einige Eigenschaften die Ergebnisse, gewonnen aus Kurzprüfungen und Freibewitterungsprüfungen, erstaunlich gut übereinstimmen (s. z.B. Deppe,1981), lehnen die meisten Autoren inzwischen diese
Tests als Kurzprüfungen mit Aussagekraft für die Witterungsbeständigkeit ab (Back und Sandström,1982; River et al.,1981; Deppe,1981; Gressel,1981). Erst die Abfolge von extremen Temperatur- und Feuchtigkeits-
belastungen, wie z.B. in dem französischen V 313 Test, kommt den tat-
sächlichen Belastungen näher und wird deshalb immer häufiger als Kurzzeitbewitterungstest angesehen.

Die Bedingungen der am häufigsten verwendeten Tests sind in Tabelle 8.2
gegenübergestellt.

Tabelle 8.2: Gegenüberstellung einiger Alterungstests

	V 313	VPS	ASTM D1037 72 a	V 100 DIN 68 763	D 1 American Plyw. Assoc.
Bewitterung	Wasserlagerung 20°, 3 Tage	Vacuum-imprägnierung mit 20° Wasser 90 min.	Wasserlagerung 49°, 1 h	Erwärmung im Wasser 1 h bei 100°C	Wasserlagerung 8 h 65°C
	Frost -12°C, 1 Tag	Trocknung bei 103°C, 22 h	Dampfbehandlung 93°C, 3 h	Kochen 2 h	Trocknung bei 85°C
	Trocknung 70°, 3 Tage		Trocknung 99°, 3 h	Abkühlung in 20° Wasser 1 h	
			Dampfbehandlung wie oben		
			Trocknung 99°, 18 h		
Anzahl der Zyklen	3 x 7 Tage	10 x 1 Tag	6 x 2 Tage	1 x 4 h	
Prüfung nach Rückklimati-sierung	20°C/65% rL	20° / 65 %	20° / 65 %	Prüfung naß	nach 90 Minuten Abkühlung auf Raumtemperatur

May (1976) hat die Feuchtebeständigkeit von verschiedenen verleimten
Holzspanplatten anhand von Wasserlagerungsversuchen bei 20, 40, 60, 80
und 100°C bestimmt. Gemessen wurde die Veränderung von Dickenquellung
und Querzugfestigkeit in Abhängigkeit von der Lagerungsdauer. May hat
auch die Veränderung der Biegefestigkeit und Querzugfestigkeit nach
Vorbelastung der Proben durch "Unterbodenklima" ermittelt. Das Unterbodenklima wurde simuliert, indem die Prüfkörper einseitig mit diffu-
sionsdichtem Fußbodenbelag (PVC) und die Schmalflächen mit Schutzlack
versiegelt wurden. Die Plattenzuschnitte wurden auf wärmeisolierten
Kästen mit Wasserfüllung einseitig hoher Luftfeuchtigkeit ausgesetzt
und auf der anderen Seite mit einem Wechselklima (8 h : 10°C/85 % rel.
Luftfeuchtigkeit und 16 h : 23°C/50 % rel. Luftfeuchtigkeit) beauf-
schlagt.

Es wurden geprüft Heiß- und Kaltwasserlagerung:

     Wasserlagerung, Frost und Hitzezyklen
     Bewitterungstrommel mit Beregnung, UV-Bestrahlung
     und Trocknungszeiten 1 000 h, 3 000 h

     V 313 - Test
     V 100 - Test - naß und getrocknet
     V 70 - Test

Bewertet wurden:

     Querzugfestigkeit
     Biegefestigkeit
     Elastizitätsmodul bei Biegebelastung
     Oberflächenrauhigkeit
     Dickenquellung

Auch diese Versuche ergaben, daß der französische V 313-Test die Freibewitterung am besten simulierte. Die Korrelationen zwischen den Eigen-
schaftswerten waren 99,9 %ig. Er wird bisher als der beste Laborversuch zur Vorhersage des Spanplattenverhaltens angesehen.

Die engsten Korrelationen zwischen Freibewitterung und Laborversuch
fand man bei der Querzugfestigkeit. Allerdings weist Gressel (1977)
darauf hin, daß mit dem V 313 und V 100-Test die verschiedenen Leim-
arten unterschiedlich klassifiziert werden, weshalb jede Methode
alleine nicht entscheidend für die Eignung ist.

Beldi und Balint (1978) haben andere Kombinationen der Wasserlagerung
und Temperaturwechsel gewählt. Sie arbeiten nach folgendem Zyklus:

Feuchtklimalagerung   168 h   20°C 100 % rel. Luftfeuchtigkeit
Wasserlagerung   24 h   20°C
Kältelagerung   6 Tage   -   30°C
                         6 Tage   -   40°C
Wärmelagerung   6 Tage   40°C

Temperaturwechsellagerung
                         3 h   -   30°C
                         3 h   -   40°C (5- oder 10-facher Wechsel)
Beregnung   6 h oder 12 h.

Liiri (1980) ist der Auffassung, daß mit den Verfahren V 313, V 100
und ASTM D1037-72a nicht die Kurzprüfung für die Feuchtigkeitsbeständigkeit durchgeführt werden sollte. Er hält zur Prüfung der Wetter-
beständigkeit Geräte für erforderlich, mit denen alle Wetterfaktoren
frei kombiniert werden können. Es wird also empfohlen, neben der Tem-
peratur- und Feuchtigkeitsänderung die Proben auch Strahlung und Beregnung auszusetzen.

Lehmann (1978) hat zehn verschiedene "Kurzzeitbewitterungsverfahren"
in ihrer Wirkung auf die Dimensionsstabilität und Festigkeit von Spanplatten untersucht, um Rückschlüsse für ein "bestes" Kurzzeitbewitterungsverfahren zu ziehen.

Vergleichen wurden diese Ergebnisse mit einer natürlichen Bewitterung
über mehrere Jahre.

Die Untersuchungsergebnisse weisen deutlich auf die Probleme bei der
Auswahl eines Kurzzeitprüfungsverfahrens hin:

a) Bei Wasserlagerung zeigt sich ein deutlicher Einfluß der Wassertemperatur.

b) Zyklische Wechsel zwischen Trocknung und Wasserlagerung verstärken
   die Festigkeitsabnahme, je höher die Trockentemperatur bzw. die
   Wassertemperatur ist. Die Festigkeitsabnahmen waren stets größer
   als bei natürlicher Bewitterung.

Gressel (1980 a, b) veröffentlichte die Ergebnisse von vergleichenden
Prüfungen zur Beurteilung der Dauerhaftigkeit von Spanplatten.

Folgende Verfahren wurden angewendet:

Freibewitterung unter Dach, senkrechte und 45° geneigte Proben.

Freiwitterung ohne Dach, senkrecht Süd-West exponierte Proben.

Laborversuch bei konstantem Feuchtklima und Wasserlagerung

zyklisch wechselnden Befeuchtungen
und Trocknungsphasen ohne Last - natürliches Wechsel-Klima
                                - verschärftes Wechsel-Klima
                                - zyklische Wasserlagerung (V 313)

Gressel (1980 a) unterscheidet die Kurzbewitterungsverfahren nach der
Beanspruchungsart in:

a) Konstante Feuchtklima- und Wasserbeanspruchung mit dem Ziel der
   Beurteilung des hygroskopischen Verhaltens sowie der Hydrolysebeständigkeit der Leimfugen.

b) Zyklisch wechselnde Befeuchtungs- und Trocknungsphasen ohne äußere
   Lasten, mit dem Ziel, die elastochemische Widerstandsfähigkeit der
   Verleimung gegenüber wechselnden Quell- und Schwindspannungen zu
   beurteilen.

c) Konstante, natürlich wechselnde und definiert wechselnde Klimabean-
   spruchung mit zusätzlichen mechanischen Lasten (Kriechversuche).

In ausführlichen Analysen von Back und Sandström (1982) sowie Gillespie
(1982) werden die für die Prüfung der Witterungsbeständigkeit zu beach-
tenden Faktoren dargestellt:

1. Temperatureinflüsse auf die chemischen Reaktionen. Die Trocknung
   der Proben bei 103°C in 22 h soll in der Wirkung einer 3jährigen
   Lagerung bei 20°C entsprechen.

2. Die Temperaturerhöhung bewirkt durch die Erweichung der Holzbestand-
   teile in feuchtem Zustand schnellere Quellung und in trockenem Zustand der Proben schnellere Schwindung.

3. Die Amplituden der Temperatur und relativen Luftfeuchtigkeit.

4. Die Größe der Prüfkörper (Verhältnis Fläche zu Schmalflächen).

5. Die Trocknungsbedingungen bestimmen die Geschwindigkeit der Feuchtigkeitsabnahme.

6. Es ist nicht sicher, ob Frostbedingungen die Alterung beschleunigen; wohl aber die Alterung durchnäßter Spanplatten.

7. Strahlung, vor allem UV-Strahlung, wirkt im oberflächennahen Bereich und wird deshalb für Bewitterungsverfahren oberflächenveredelter Proben für notwendig erachtet. Gleichzeitig verstärken höhere Feuchtigkeiten und Temperaturen die Wirkung der Strahlung.

8. Die Geschwindigkeit der Durchdringung der Probekörper mit Wasser wirkt sich beschleunigend auf Quellungsvorgänge aus. Dies könnte vor allem mit Messungen der Oberflächenrauheit nachgewiesen werden.

9. Die Hydrolyse von Holz- und Leimbestandteilen infolge des Ionentransportes während der Feuchtigkeitsveränderungen.

10. Äußere aufgebrachte Lasten.

Mit der Forderung, daß ein Kurzzeitbewitterungsverfahren die gleiche Rangfolge bei der Beurteilung der Spanplatten ermöglichen soll wie die Freibewitterung, scheiden alle 4 bisher häufig getesteten Verfahren aus (CTB V 313, Vapor-pressure-soak-test, ASTM D 1037-72 a und DIN 68763 V 100).

Auch Deppe und Schmidt (1979) kommen nach langjährigen vergleichenden Untersuchungen mit zahlreichen Materialvarianten zu dem Ergebnis, daß bei der Entwicklung der Kurzzeitbewitterungsverfahren noch kein Endpunkt erreicht ist. Allerdings seien die Vergleichsreihen vor allem für die Ergebnisse der Naßquerzugfestigkeitswerte ermutigend. Heute hat sich die Erkenntnis durchgesetzt, daß die Amplitude der Einflüsse möglichst nicht wesentlich über den bei natürlicher Bewitterung vorkommenden Extremwerten liegen sollte. Die langfristige natürliche Bewitterungszeit soll durch einen mehrfachen aber kürzeren Belastungswechsel im Labor ersetzt werden.

Grundlagen für die Auswahl der Amplituden der Temperaturen und Feuchtigkeiten sowie der Frequenzen der Belastungswechsel werden durch Analysen der natürlichen Bewitterungsbedingungen erarbeitet (Deppe und Schmidt 1979, Drewes und Greubel 1984). In Bewitterungstrommeln können diese Belastungen gut simuliert werden (Deppe und Schmidt 1979). Eine weitere Verfeinerung der Beurteilung ist durch häufigere zerstörungs-

freie Prüfungen des Elastizitätsmoduls und der Dickenquellung im Naß-
zustand während der Bewitterung möglich (Deppe und Schmidt,1983).

Deppe und Schmidt (1982) halten auch Freibewitterungsversuche für nicht
geeignet, um die Brauchbarkeit von Spanplatten für wetterbelastete Bauteile nachzuweisen. Die wesentlichen Argumente sind die mangelhafte
Reproduzierbarkeit der makro- und mikroklimatologischen Belastungen.
Außerdem sind keine Anstrengungen unternommen worden, um Probengrößen
oder Expositionsbedingungen zu vereinheitlichen (s. Tab. 8.1). Die not-
wendigen langfristigen Versuche verzögerten bis zur Erzielung ausrei-
chender Qualitätsdifferenzierung die Weiterentwicklung von Leimen.

Verschiedene Autoren sind der Auffassung, daß die Bewitterungsprüfung
als Maßstab für die Beurteilung von Holzwerkstoffen hinsichtlich ihrer
Verwendungsmöglichkeiten im Bauwesen nicht ausreicht. Die Bestimmung
des Dauerstandverhaltens sowie die Ermittlung der Hydrolysebeständigkeit sind weitere notwendige Maßnahmen.

Die bisher beschriebenen Verfahren zur "Kurzzeitbewitterung" und zur
"Beurteilung des Langzeitverhaltens" können eingeteilt werden in:

1. Prüfung der Feuchtigkeitsbeständigkeit von Verleimungen

   a) Hydrolysebeständigkeit der Leimfugen
      V 70, V 100, Dickenquellung und Wasseraufnahme

   b) mechanische Beständigkeit der Leimfuge und Hydrolysebeständigkeit
      V 313, Xenotest

2. Prüfungen der Witterungsbeständigkeit
      Freibewitterungsversuch
      Bewitterungskanal

3. Brauchbarkeitsnachweise für die Bauaufsicht
   a) Bewitterungskanal mit den Faktoren:
      Temperatur, Feuchtigkeit und Strahlung

   b) Kriechversuche mit den Faktoren:
      natürliche Klima und äußere Belastung
      (Kriechversuche unter natürlichem Klima)

8.2 Pilz- und Bakterienbeständigkeit

8.2.1 Pilzbefall

Die schützende Wirkung der verschiedenen anorganischen Salze oder organischen Chemikalien kann im Kolleschalentest, im Schwammkellerversuch
oder im Soil-Block-Verfahren (ASTM 1413/56-T) nachgewiesen werden. Die
American Plywood Assoc. hat 1982 spezielle Verfahren zur Prüfung der
Schimmelpilzbeständigkeit von Spanplatten vorgeschlagen.

8.2.1.1 Kolleschalentest

Im Kolleschalentest werden Proben in einem geschlossenen System, den
Kolleschalen, 4 Monate dem Pilzbefall ausgesetzt. Die Probengröße beträgt maximal 55 x 15 mm oder 35 x 25 mm mit 20 mm Plattendicke.

Es kommen also auch die aus den Spanplatten möglicherweise entweichenden Gase in höheren Konzentrationen als im praktischen Einsatz zur Wirkung. Außerdem entsteht in der Kolleschale feuchtigkeitsgesättigte Luft,
die zumindest bei harnstoffharzverleimten Spanplatten zur hydrolytischen Schwächung der Leimfugenfestigkeit beitragen kann. Damit entfernen sich die Versuchsbedingungen von den praktischen Gegebenheiten.
Nach Deppe (1967) ist der Wert des Kolleschalentests für die Prüfung
von Holzspanplatten umstritten. Ebenfalls unbefriedigende Ergebnisse
soll man mit der ASTM-Methode erhalten.

8.2.1.2 Schwammkellerversuch

Das Ziel bei der Auswahl der Versuchsbedingungen für den Schwammkellerversuch ist es, zu erreichen, daß die Pilze günstigste Wachstumsbedin-
gungen vorfinden und die Schutzmittelwirkung unter den für Spanplatten
ungünstigsten Verhältnissen beobachtet werden kann.

Aus den zu prüfenden Platten werden nach Zufallsverteilung Proben entnommen und in einen Schwammkeller eingebaut. Nach 4-monatiger Versuchsdauer wird die Festigkeit – meist die Naßquerzugfestigkeit (DIN 68763
V 100) – ermittelt. Die Abnahme der Festigkeit wird in Prozenten des
Anfangswertes vor dem Pilzbefall berechnet.

Gersonde und Becker (1958) ist die folgende Beschreibung der Prüfanordnung entnommen, mit der in der BRD Pilzschutzmittel getestet werden:

"Es werden jeweils 4 behandelte Bretter (oder Plattenabschnitte d. Verf.)
in wechselnder Reihenfolge mit unbehandelten, 4 ... 6 cm breiten Bret-
tern auf unbehandelten Kanthölzern von 80 cm Länge zu einem Modell-Fuß-
boden von 50 x 85 cm Größe zusammengelegt und diese an den Schmalseiten
durch je ein passend hohes, senkrecht gestelltes unbehandeltes Brett
abgeschlossen."

Diese Versuchsanordnung wird auf eine ca. 2 cm hohe Schicht von ange-
feuchteter sogenannter Gärtner-Einheitserde gelegt. Unter der Erde befindet sich eine 5 cm dicke Schicht mit grobkörnigem Sand.

Um ein Austrocknen nach oben zu verhindern, werden die Bretter mit Glas-
platten abgedeckt. Damit wird die Wirkung einer im Baufortschritt zu
früh aufgebrachten diffusionshemmenden Schicht hervorgerufen und den-
noch bleibt die laufende Beobachtung des Pilzwachstums möglich.

Die Beimpfung wird mit flachen Holzproben (50 x 25 x 4 mm) vorgenommen,
die mit Reinkulturen vollkommen durchsetzt sind. Sie werden als Zwi-
schenlager zwischen die Auflagehölzer und die Proben gelegt. Bei
Merulius lacrimans wird der Befall 5 Monate und bei Corniophora cere-
bella sowie Poria vaillantii über 4 Monate aufrechterhalten. Im
Schwammkellerversuch werden vor allem die Unterschiede zwischen den
Pilzwidrigkeiten von Schutzmitteln deutlich, wie die ersten Versuche
von Gersonde und Becker l.c. zeigten.

Die Prüfungsvorschriften für Spanplatten im Schwammkellerversuch wurden mehrfach neu formuliert. Die neueste Fassung ist in der Richtlinie
der Deutschen Gesellschaft für Holzforschung (AA 3/e, 4. Vorlage Jan.
1982) niedergelegt (zitiert nach Kerner-Gang, 1984). Eine Normung des
Versuchs erfolgte bisher nicht, da noch nicht abschließend geklärt ist,
wie die Wirkung hoher Luftfeuchtigkeit bewertet bzw. eliminiert werden
kann, die zusätzlich zum Pilzbefall die Proben beansprucht.

Auch wirkt sich die Restquellung nach der Rekonditionierung der Proben
über eine Volumenänderung auf die Rohdichte aus. Damit wird die Querzugfestigkeit beeinträchtigt. Hinzu kommen Masseverluste infolge von
Schimmelpilzbefall und Auslaugungen. Ferner eignen sich nicht alle
holzzerstörenden Basidiomyceten für die Schwammkellerprüfung (Kerner-
Gang, 1984).

Gersonde und Deppe (1983) folgern daraus für die weitere Prüfung der
Wirksamkeit von Holzschutzmitteln:

Parallel zu den Prüfungen der Naßquerzugfestigkeit V 100 an den pilz-
befallenen Proben erscheint die Prüfung der Naßquerzugfestigkeit an
Kontrollproben ohne Pilzbefall nach einer gleich langen Feuchtraumlage-
rung sinnvoll. Der Festigkeitsverlust durch Pilzbefall würde sich dann
aus der Differenz der beiden Naßquerzugfestigkeitswerte ergeben. An
den Kontrollproben muß der Befall mit Mikroorganismen aber streng vermieden werden. Die Prüfkörper sollen auch vor den Schwammkellerversu-
chen sterilisiert werden, um eventuell vorhandene Vorinfektionen abzu-
töten.

8.2.1.3 Andere Prüfverfahren

Kufner (1968) prüfte die Pilzwiderstandsfähigkeit von Spanplatten an
Proben mit quadratischen Querschnitten mit einer Länge von 10 mm und
einer Dicke von 50 mm. Zum Pilzbefall werden die Proben in Edelstahl-
wannen mit gläserner Abdeckplatte gelegt. Die Abdeckplatte liegt auf
einer Silikonkautschukdichtung luftdicht auf. Der Druckausgleich ist
durch eine mit Watte verschlossene Metallbuchse möglich. Die Sterili-
sation erfolgt in einem Trockenschrank. Dieser wird auch als Impfkammer
verwendet. Die Impfkammer kann durch eine Eternitplatte mit Öffnungs-
fenster und Eingriffsöffnungen mit Gummihandschuhen sowie Schleuse
hermetisch verschlossen werden. In die Wanne wird als Nährboden 100 g
Malzextrakt, 60 g Agar-Agar gegeben und auf 2 l mit aqua dest. aufgefüllt. Nach dem Impfen bildet sich in 4 bis 8 Wochen ein Pilzrasen.
Nach 6 Wochen Lagerung und Rückklimatisierung bei 20°C/63 % relativer
Luftfeuchtigkeit wurde die Schlagbiegefestigkeit gemessen. Hierbei ent-
sprachen die Stützweiten der Proben ihrer zehnfachen Dicke.

Bei der **Kontakt-Agar-Methode** wird Nähragar in flüssiger Form auf die
mit Holzschutzmitteln behandelte Probe aufgetragen. Nach kurzzeitigem
Einwirken wird der nicht eingezogene Rest entfernt und die Oberfläche
mit Sporensuspension versehen. Nach 2 Tagen kann die Sporenkeimung
mikroskopisch untersucht werden. Mit diesem Verfahren haben Schmidt
und French (1979) die Wirkung von Holzschutzmitteln gegen Schimmelpilzbefall von Sperrholz untersuchen können.

Ein Laborverfahren beschreibt Kerner-Gang (1984), das die Nachteile von
Schwammkellertests und des Kolleschalentests vermeiden soll. Dazu werden Einwegkunststoffbecher mit dem Mineral Vermiculit als Feuchtigkeits-
träger verwendet. Die Abmessungen der Becher sind: Inhalt 500 ml, Abmessungen unten: 65 mm x 100 mm, oben: 75 mm x 115 mm, Höhe 65 mm. Aus

den Spanplatten werden Probekörper geschnitten, die dem Format für
Querzugfestigkeitsproben entsprechen (50 x 50 x d mm). Die Proben
werden mit Ethylenoxid sterilisiert.

Die Vermiculit-Körper werden mit einer Puffer-Malz-Lösung getränkt.
Diese Lösung besteht aus 50 ml 0,1 n HCl und 950 ml 0,1 n KCl zusam-
men mit 40 g Malzextrakt. Von dieser Lösung sind bei Platten unter
24 mm Dicke 120 ml, 130 ml bei Proben über 24 mm Dicke und nur 70 ml
bei Platten über 32 mm Dicke zu verwenden.

Die Spanplattenproben werden auf Holzleisten mit bereits entwickelten
Pilzkulturen gelegt, die ca. 10 Tage zuvor mit den Prüfpilzen geimpft
werden. Die Bewertung der Pilzwiderstandsfähigkeit erfolgt nach Masse-
verlust und Abfall der Naßquerzugfestigkeit V 100 gem. DIN 68 763.

Wie Okoro et al. (1984) an Spanplatten aus verschiedenen ghanesischen
Holzarten festgestellt haben, führen der VPS-Test und der Test nach
ASTM D 2017-63 bei pilzempfindlichen Platten zu stärkerem Gewichts-
abfall als der soil-block-test (ASTM D 1413-76).

Mit der Methode D.2 stellte die American Plywood Assoc. (1982) einen
Test zum Schimmelpilzbefall vor. Es werden Versuchskammern empfohlen
mit ruhender Luft, hoher Luftfeuchtigkeit bei Temperaturen um 25°C.
Unter diesen Bedingungen entwickeln sich Schimmelpilze gut. Es werden
1 x 5 inch große Spanplattenproben in den Versuchskammern gelagert.
Die Proben werden kurz unter Wasser getaucht und dann 1 Woche bei
25°C/90 % relativer Luftfeuchtigkeit vorbehandelt.

Anschließend wird sofort die Biegefestigkeit von Kontrollproben bestimmt. Die Proben, die dem Pilzbefall ausgesetzt werden sollen, kommen in die Versuchskammern. Auf ausreichende Probezahl ist zu achten,
damit im Abstand von 2 Wochen jeweils die Biegefestigkeit der befallenen Proben gemessen werden kann.

8.2.2 Bakterienbefall

Für die Prüfung auf Widerstandsfähigkeit von Spanplatten gegen bakte-
riellen Befall wurde in Amerika ein Verfahren entwickelt (APA 1982,
Test D - 3). Es sind Proben von 2,5 x 12,5 mm Größe vorgesehen. Bei
fast isotropen Platten sollte die Längsachse der Prüfkörper parallel
zur Herstellungsrichtung entnommen werden. Aus Platten mit "gerichte-

ten" Eigenschaften sind sowohl parallel als auch quer zur Herstellungsrichtung Proben auszuformen. 80 Prüfkörper sind zu schneiden. Die Prüfkörper werden in vier Gruppen nummeriert.

Die Belastung beginnt mit dem Evakuieren der Proben und anschließender
Lagerung über 30 Minuten in einem Vakuum von 37,5 mm Quecksilbersäule.
Anschließend sind die Proben mit Wasser (ca. 65°C) zu imprägnieren.

Jeweils die Hälfte der Proben aus den 4 Gruppen (also 10 Stück) werden
im Anschluß daran bei ca. 83°C für die Dauer von 16 Stunden getrocknet.
Der Luftwechsel soll dabei 45 bis 50 mal stattfinden.

Die Proben werden dann in ein Nährmedium eingetaucht. Das Nährmedium
besteht aus:

7 % Sojabohnenmehl, 10 % Sägespäne aus Erlenholz (18 % Holzfeuchtigkeit) und 83 % Wasser.

Zu diesem Gemisch werden 0,3 % einer 50 %igen Natronlaugelösung gegeben.

Diese Mischung wird in große Schalen etwa 25 mm hoch eingefüllt. Es
dürfen keine Kupferschalen verwendet werden.

Die Gefäße werden bei 25° ca. 12 Wochen in gesättigter Luftfeuchtigkeit
aufbewahrt. In Abständen von jeweils 3 Wochen wird eine Probengruppe
entnommen und im Biegetest nach APA S-6 belastet. Die Biegefestigkeiten
werden denjenigen von den nichtbelasteten Proben gegenübergestellt. Die
Veränderung der Biegefestigkeit gilt als das Maß für die Widerstandsfähigkeit der Spanplatten gegen Bakterienbefall.

8.3 Insektenbeständigkeit

8.3.1 Einheimische holzzerstörende Insekten

Mitteleuropäische holzzerstörende Insekten spielen im Hinblick auf die
Schädlichkeit für Spanplatten keine wesentliche Rolle. Der wichtigste
mitteleuropäische Holzzerstörer, die Hausbockkäfer-Larve (Hylotrupes
bajulus, L.) konnte sich nach zahlreichen Beobachtungen in Phenol-,
Harnstoff- sowie Harnstoff-Melamin-Mischharz - gebundenen Spanplatten

nicht entwickeln. Die Versuchsdurchführung wurde von Becker (1969)
beschrieben:

"Hausbockkäferlarven mit Gewichten zwischen 95 und 210 mg wurden in
vorgebohrte Löcher passender Größe gesetzt. Die Löcher waren während
des Versuchs mit Watte verschlossen. Je Spanplatte wurden 10 Larven in
Proben von 5 x 5 cm² gesetzt. Die Proben werden in Glasgefäßen einzeln
in einem Klimaraum bei 26°C/70 bis 75 % rel. Luftfeuchtigkeit 12 Wochen aufbewahrt. Abschließend wird die Fraßtätigkeit beurteilt und das
Gewicht der Larven nach eintägigem Hungern (ebenso wie vor Versuchs-
beginn) gewogen."

Eine Darstellung der modernen Verfahren zur Prüfung von Schutzmitteln
gegen Käferbefall findet sich bei Cymorek und Pospischil (1984). Darin
findet sich auch ein ausführliches Literaturverzeichnis, in dem Arbeiten mit Beschreibungen der Prüfungen der Wirksamkeit von Holzschutzmitteln gegen die verschiedensten Käferarten ersichtlich sind.

8.3.2 Termiten

Freiland- und Laborversuche wurden beschrieben, um die Beständigkeit
von Holz und Holzspanplatten gegen Termiten zu prüfen. Laborversuche
beschränken sich zumeist auf Verwendung einzelner Termitenarten. Aus
Freilandversuchen sind die angreifenden Arten häufig nicht bekannt
geworden (Becker, G.,1961).

Methodisch lassen sich Laborprüfungen nach Becker unterscheiden in:

1. Prüfungen in Exposition des Prüfmaterials gegen große Tiergruppen,
   indem das Prüfmaterial neben der üblichen Nahrung ausgelegt wird.

2. Prüfungen mit Exposition gegen gleichmäßig ausgewählte und gezählte
   Tiergruppen, wobei das Prüfmaterial entweder

   a) zur Wahl oder
   b) allein im Zwangsversuch angeboten wird.

Je nach dem natürlichen Verbreitungsgebiet der Termitenart werden die
Prüfbedingungen ausgewählt.

Anzahl und Zusammensetzung der Versuchstiere können von 10 bis mehrere
1000 variieren und Larven, Nymphen und Soldaten in festgelegtem Umfang

umfassen oder den natürlichen Mengenverhältnissen entsprechen. Zwang- und Wahlfraßversuche werden bei Temperaturen von 26 - 30°C und 90 bis 100 % rel. Luftfeuchtigkeit über 30 bis 60 Tage durchgeführt (Becker, 1961).

Die Proben werden in Glas- oder Kunststoffbehältern direkt auf einer Erd- oder Sandfüllung liegend oder etwas erhöht deponiert.

Nach einer Versuchsanordnung von Coutereau (zitiert bei Becker, 1961) werden 250 Tiere in 10 cm hohe Glasröhren mit 2,5 cm Durchmesser gesetzt. Diese sind halb mit feinem, gereinigtem Sand gefüllt. Die Holzprobe wird auf einem 1 cm hohen Glasrohr dem Fraß exponiert. Die Glasrohre sind offen und ermöglichen Luftzutritt.

Gay, Greaves et al. (zitiert bei Becker, 1961) haben 9 cm hohe Kunststoffbehälter mit 9 cm Durchmesser etwa 5 cm mit Erde gefüllt und das Prüfmaterial auf die Erdfüllung gelegt. Der Erde ist Holz aus dem Zuchtzubstrat beigegeben, so daß die Tiere wählen können.

Bei beiden Verfahren werden die Behälter mit der Erde oder dem Sand in wassergefüllte Behälter gestellt, so daß die Substrate nicht austrocknen.

Becker (1961) schlägt Zuchtbecken von 100 x 50 x 80 cm³ vor, die mit mehreren 10 000 Tieren und ausreichend Kiefernholz zur Ernährung gefüllt werden. Außerdem können mehrere unterschiedliche Prüfmaterialien eingelegt und zum Fraß angeboten werden.

Am Ende der Versuchszeit werden die Befallsformen ausgewertet, die Prüfkörper gereinigt und gewogen und der Gewichtsverlust als Befallskriterium festgestellt.

Becker empfiehlt mindestens 5 Parallelproben desselben Materials. Bei Wahlversuchen mit großen Populationen sollten möglichst 10 Proben angeboten werden.

Die Termitenarten verhalten sich je nach Holzart unterschiedlich.

Weiterhin können Umweltbedingungen, Raumverhältnisse oder Zustand und Beschaffenheit der Versuchstiere sowie deren Gruppenverhalten das Ergebnis beeinflussen.

Neueste Versuche über die Prüfung der Wirksamkeit von Holzschutzmitteln gegen Termiten sind von Cymorek und Pospischil (1984) beschrieben worden. Diese Arbeit enthält ein ausführliches weiterführendes Literaturverzeichnis.

Über die Bedeutung der hochgefährdenden Termiten in Europa hat Cymorek unlängst (1984) ausführlich berichtet.

9 Normen, Technische Güte- und Liefervorschriften

9.1 Bundesrepublik Deutschland

```
DIN  1052 Teil 1;   Holzbauwerke; Berechnung und Ausführung
DIN  1052 Teil 2;-; Bestimmungen für Dübelverbindungen besonderer Art
DIN  1052 Teil 3;-; (Holzhäuser in Tafelbauweise-Arbeitstitel)
DIN  1052 Teil 4;-; (Dachschalungen aus Bauspan- und Baufurnierplatten-
                    Arbeitstitel)
DIN  1960 Teil A;   Allgemeine Bestimmungen für die Verdingung von Bau-
                    leistungen (VOB).
DIN  1961 Teil B;-; (VOB) (Enthält DIN 18357 "Beschlagsarbeiten")
DIN  4102 Teil 1;   Brandverhalten von Baustoffen und Bauteilen; Bau-
                    stoffe; Begriffe, Anforderungen, Prüfungen
DIN  4102 Teil 2;-; Bauteile; Begriffe, Anforderungen, Prüfungen
DIN  4102 Teil 3;-; Brandwände und nichttragende Außenwände
DIN  4102 Teil 4;-; Zusammenstellung und Anwendung klassifizierter
                    Baustoffe, Bauteile und Sonderbauteile
DIN  4102 Teil 5;-; Feuerschutzabschlüsse
DIN  4102 Teil 6;-; Lüftungsleitungen
DIN  4102 Teil 7;-; Bedachungen
DIN  4102 Teil 8;-; Brandverhalten von Baustoffen und Bauteilen;
                    Kleinbrandversuch
DIN  4108 Wärmeschutz im Hochbau
DIN  4108 Teil 1;-; (Begriffe, Einheiten-Arbeitstitel)
DIN  4108 Teil 2;-; (Wärmeschutz, Speicherung-Arbeitstitel)
DIN  4108 Teil 3;-; (Feuchtigkeitsschutz-Arbeitstitel)
DIN  4108 Teil 4;-; (Stoffkennwerte-Arbeitstitel)
DIN  4108 Teil 5;-; (Berechnungsverfahren-Arbeitstitel)
DIN  4109 Teil 1;   Schallschutz im Hochbau; Begriffe
DIN  4109 Teil 2;-; Anforderungen
DIN  4109 Teil 3;-; Ausführungsbeispiele
DIN  4109 Teil 4;-; Schwimmende Estriche auf Massivdecken, Richtlinien
                    für die Ausführung
DIN  4109 Teil 5;-; Erläuterungen
DIN  4076 Teil 2;-; Benennungen und Kurzzeichen auf dem Holzgebiet;
                    Holz und Holzwerkstoffe
DIN  4076 Teil 4;-; Benennungen und Kurzzeichen auf dem Gebiet der
                    Holzschutzmittel
DIN  4762 Teil 1;   Erfassung der Gestaltsabweichungen 2. bis 5. Ord-
                    nung an Oberflächen an Hand von Oberflächenschnit-
                    ten, Begriffe für Bezugssystem und Maße
DIN 16921 Klebstoffe; Klebstoff-Verarbeitung, Begriffe
DIN 16926 Dekorative Schichtpreßstoffplatten
DIN 18230 Baulicher Brandschutz im Industriebau; Ermittlung der Brand-
                    schutzklassen
DIN 40634 Bl. 1; Isolierfolien der Elektrotechnik, Prüfverfahren
DIN 50014 Normalklimate
```

DIN 51220 Werkstoffprüfmaschinen; Begriffe, Allgemeine Richtlinien
          Klasseneinteilung
DIN 51221 Zugprüfmaschinen; Allgemeine Anforderungen
DIN 52175 Holzschutz; Begriffe, Grundlagen
DIN 52176 Prüfung von Holzschutzmitteln; Bestimmung der vorbeugenden
          Wirkung von Holzschutzmitteln, Prüfung mit holzzerstörenden
          Basidiomyceten nach dem Klötzchen-Verfahren in Kolleschalen
DIN 52178 Prüfung von Holzschutzmitteln; Bestimmung der vorbeugenden
          Wirkung in Holzwerkstoffen; Prüfung von Spanplatten mit
          Basidiomyceten im Schwammkellerversuch (Arbeitstitel)
DIN 52360 Prüfung von Holzspanplatten; Allgemeines, Probeaufnahme,
          Auswertung
DIN 52361 -; Bestimmung der Abmessungen, der Rohdichte und des Feuch-
          tigkeitsgehaltes
DIN 52362 -; Biegeversuch, Bestimmung der Biegefestigkeit
DIN 52364 -; Bestimmung der Dickenquellung
DIN 52365 -; Bestimmung der Zugfestigkeit senkrecht zur Plattenebene
DIN 52366 -; Bestimmung der Abhebefestigkeit und der Schichtfestigkeit
DIN 52612 Bestimmung der Wärmeleitfähigkeit mit dem Plattengerät
          Blatt 1 - Versuchsdurchführung und Versuchsauswertung
          Blatt 2 - Rechenwert der Wärmeleitfähigkeit für die Anwen-
          dung im Bauwesen
DIN 53122 Prüfung von Kunststoffen, Papier und Pappe; gravimetrische
          Bestimmung der Wasserdampfdurchlässigkeit
DIN 53153 Prüfung von Anstrichstoffen und ähnlichen Beschichtungs-
          stoffen, Eindruckversuch nach Buchholz an Anstrichen und
          ähnl. Beschichtungsstoffen
DIN 53157 Prüfung von Anstrichstoffen und ähnlichen Beschichtungs-
          stoffen, Schwingungsbereich mit dem Pendelgerät nach König,
          zur Beurteilung der Härte von Anstrichen und ähnlichen
          Beschichtungen
DIN 53211 Prüfung von Anstrichstoffen, Bestimmung der Auslaufzeit mit
          dem DIN-Becher 4
DIN 53253 Prüfung von Holzleimen und Holzverleimungen, Bestimmung der
          Spaltfestigkeit von Schäftverleimungen im Zugversuch, Juni
          1964, ohne Ersatz im März 1977 zurückgezogen
DIN 53482 Prüfung von Isolierstoffen, Bestimmung der elektrischen
          Widerstandswerte
DIN 53799 Prüfung von Platten mit dekorativer Oberfläche auf
          Aminoplastbasis
DIN 55945 Teil 1, Anstrichstoffe, Begriffe
DIN 68100 Blatt 4; Maßänderung durch Feuchtigkeitseinfluß bei Spanplatte
          Furnierplatte und Hartfaserplatte in Richtung der Dicke sowie
          der Länge und Breite
DIN 68601 Holz-Leimverbindungen; Begriffe
DIN 68602 -; Beanspruchungsgruppen
DIN 68603 -; Prüfung
DIN 68760 Spanplatten; Nenndicken
DIN 68761 -; Flachpreßplatten für allgemeine Zwecke, Eigenschaften,
          Prüfung
DIN 68762 Spanplatten für Sonderzwecke im Bauwesen; Begriffe Eigenschaf-
          ten, Prüfung, Überwachung
DIN 68763 Spanplatten; Flachpreßplatten für das Bauwesen; Begriffe
          Eigenschaften, Prüfung, Überwachung
DIN 68764 Teil 1; Spanplatten, Strangpreßplatten für das Bauwesen,
          Begriffe, Eigenschaften, Prüfung, Überwachung
DIN 68764 Teil 2-; Beplankte Strangpreßplatten für die Tafelbauart
DIN 68765 Spanplatten; Kunststoffbeschichtete dekorative Flachpreß-
          platten für allgemeine Zwecke; Begriffe, Eigenschaften

DIN 68771 -; Unterböden aus Holzspanplatten
DIN 68800 Teil 1; Holzschutz im Hochbau, Allgemeines
DIN 68800 Teil 2; Vorbeugende bauliche Maßnahmen
DIN 68800 Teil 4; Bekämpfungsmaßnahmen gegen Pilz- und Insektenbefall
DIN 68800 Teil 5; Vorbeugender chemischer Schutz von Holzwerkstoffen
          (Arbeitstitel)
DIN 68860 Teil 1; Prüfung von Möbeloberflächen; Verhalten bei Einwir-
          kung von Prüfmitteln
DIN 68765 Kunststoffbeschichtete dekorative Flachpreßplatten

9.2 Canada

11-GP-1   Specification for Board, Particle Board, Building Con-
                 struction, Canadian Governement Specifications Board.
                 Ottawa 1958
CSA 0188-65   Draft Standard for Mat-Formed Wood Particleboard, Cana-
                 dian Standard Association, Ottawa 1965 (Neuausg. 1968)
CSA 0188.2-78   Canadian Standard Association 1978. Waferboard.
                 CAN 3 - 0188.2 - M 78. Rexdale Ontario
WCPA   Specifications for Exterior Type Wood Particleboard,
                 West Coast Particleboard Association, 1960

9.3 Deutsche Demokratische Republik

TGL = Technische Güte- und Liefervorschriften

TGL 1-156   Kontrolltechnologie der Spanplattenherstellung, Endkon-
                 trolle, Mechanisch-technologische Eigenschaften
TGL 1-185   Prüfung von Spanplatten; Bestimmung der Schmalflächen-
                 festigkeit
TGL 1-211/03   Technologie der Produktion von Werkstoffen aus Holz,
                 Begriffe der Bearbeitungsvorgänge bei der Spanplatten-
                 herstellung
TGL 4413   Prüfung von Werkstoffen aus Holz; Bestimmung der Form-
                 beständigkeit von Platten bei Differenzklimalagerung
TGL 6072/01   Spanplatten aus Holz; im Flachpreßverfahren hergestellte
                 Spanplatten mittlerer Rohdichte aus Schneidspänen
TGL 6072/03   Spanplatten aus Holz; im Strangpreßverfahren hergestellte
                 beplankte Spanplatten ohne Hohlräume
TGL 8767   Prüfung von Span- und Faserplatten; Bestimmung der Zug-
                 festigkeit senkrecht zur Plattenebene
TGL 10980/01   Klebstoffe auf Plastbasis; Phenoplastleime, Prüfung
TGL 10980/03   Klebstoffe auf Plastbasis; Phenoplastleime für Spanplat-
                 ten, Technische Lieferbedingungen
TGL 10981/01   Klebstoffe auf Plastbasis; Aminoplastleime AH, Prüfung
TGL 11367   Prüfung von Span- und Faserplatten; Beschreibung, Probe-
                 nahme, Probenvorbereitung, Auswertung
TGL 11368   Prüfung von Span- und Faserplatten; Bestimmung des Feuchte
                 satzes
TGL 11369   Prüfung von Span- und Faserplatten; Bestimmung der Dicke,
                 Winkligkeit, Flächendichte und Rohdichte
TGL 11370   Prüfung von Span- und Faserplatten; Bestimmung der Dicken-
                 quellung
TGL 11371   Prüfung von Span- und Faserplatten; Bestimmung der Biege-
                 festigkeit
TGL 14449/02   Statistische Qualitätskontrolle; Begriffe
TGL 18977/01   Werkstoffe aus Holz; Begriffe für Hauptgruppen
TGL 18977/04   Werkstoffe aus Holz; Begriffe für Spanplatten

TGL 23037	Prüfung von Span- und Faserplatten; Bestimmung des Plattenverzuges
TGL 26662	Prüfung von Span- und Faserplatten; Bestimmung der Rauhigkeit der Oberfläche geschliffener Platten mit feinstrukturierter Deckschicht
TGL 27271	Prüfung von Spanplatten; Bestimmung der Formbeständigkeit der Oberfläche
TGL 31153/06	Waren-Eingangsprüfung in der Möbelindustrie; Spanplatten und Faserplatten mittlerer Dichte
TGL 29-804	Feste Schleifkörper-Schleifmittel; Bezeichnungen, Anwendung, Korngrößen
TGL 1-30/01	Bearbeitung und Verarbeitung von Spanplatten im Möbelbau; im Flachpreßverfahren hergestellte Spanplatten
TGL 4413	Formbeständigkeit
TGL 23837	Kriechverhalten
TGL 14140	Prüfung gegen Pilzangriff
TGL 10685	Prüfung auf Entflammbarkeit
TGL 14452	Toleranzen
TGL 3139-56	Prüfung der Wärmeleitfähigkeit
TGL 23823/08	Stoßfestigkeit von Möbeloberflächen
TGL 23837/03	Möbelstatik. Zulässige Stützweiten für flachgepreßte Spanplatten

9.4 Frankreich

B 50-Generalites, Nomenclature, Terminologie

NF B 50-001	(1.1971)	Nomenclature
NF B 50-002	(8.1961)	Vocabulaire
NF B 50-004	(4.1968)	Contreplaque-Vocabulaire

B 51-Methodes d'essais

NF B 51-220	(12.1971)	Panneaux de particles; Conditions Generales d'essais (E)
NF B 51-221	(12.1971)	-; Determination de humidite (E)
NF B 51-222	(12.1971)	-; Determination de la volumique
NF B 51-223	(12.1971)	-; Essai de traction parallele aux faces (E)
NF B 51-224	(4.1972)	-; Essai de flexion (E)
NF B 51-225	(1.1972)	-; Essai de durete Monnin (E)
NF B 51-226	(11.1971)	-; Essai de durete Brinell
NF B 51-227	(10.1971)	-; Essai de poinconnement dynamique
NF B 51-240	(6.1971)	-; Mesurage des dimensions de la rectitude et l'equerrage des panneaux (E)
NF B 51-250	(12.1971)	-; Essai dit de traction perpendiculaire aux faces (Eprouvette A SE-)
NF B 51-251	(12.1971)	-; Essai de traction perpendiculaire aux faces (Eprouvette Brodeau)
NF B 51-252	(1.1972)	-; Determination de l'absorption d'eau et des variations dimensionnelles apres immersion (E)
NF B 51-255	(6.1972)	-; Essai de flexion dynamique
NF B 51-256	(7.1972)	-; Essai d'arrachement des pointes
NF B 51-260	(8.1972)	-; Essai d'arrachement des vis (E)
NF B 51-261	(6.1972)	-; Essai de cisaillement-Eprouvette Brodeau
NF B 51-262	(10.1972)	-; Epreuve d'immersion dans l'eau bouillante (Methode Dite V 100) (E)
NF B 51-263	(9.1972)	-; Epreuve de vieillissement accelere par la Methode Dite V 313 (E)
NF B 51-264	(6.1972)	-; Determination des varations dimensionnelles sous l'influence de l'Humidite atmospherique

NF B 51-290 (4.1972)   -; Echantillonnage

B 54-Produits Demi-Finis

NF B 54-100 (12.1971)   -; Definitions-Classifications-Designations
NF B 54-110 (5.1971)   -; Caracteristiques dimensionnelles de panneaux

NF T 54-001   Resistance aux produits domestiques
NF T 54-006   Resistance a l'abrasion
NF T 54-012   Resistance a la lumiere

Classification des materiaux et elements de construction par categories.
Essais par rayonnement. L'arreste du Ministre de l'Interieur du 4. Juin
(1973).

9.5 Großbritannien

BS 1811: 1969 Part 2:   Methods of Test for Wood Chipboards and other
                        Particle Boards
BS 2604: 1970 Part 2:   Resin-bonded wood chipboard (Quality levels)
BS 476: 1968 Part 6:   Fire tests on building materials and structures
                        Fire propagation test for materials
BS 476: 1971 Part 7:   Fire tests on building materials and structures.
                        Surface spread of flame test for materials
BS 874: 1970   Methods of determining thermal properties, with
                        definitions of thermal insulating terms
BS 1210: 1969   Wood screws
BS 1494: 1969   Fixing accessories for building purposes
BS 600: 1970   The application of statistical methods to
                        industrial standardisation and quality control
BS 1982: 1970   Methods of test for fungal resistance of manufac-
                        tured Building materials made of or containing
                        materials of organic origin
BS 2846: 1970   The reduction and presentation of experimental
                        results
BS 4011: 1970   Recommendations for the co-ordination of dimen-
                        sions in Building. Basic sizes for building
                        components and assembles
BS 4330: 1970   Recommendations for the co-ordinations in build-
                        ing. Controlling dimmensions
BS 4606: 1974   Recommendations for the co-ordination of dimen-
                        sions of Building. Co-ordinating sizes for rigid
                        flat sheet materials used in building

9.6 Indien

IS:2380-1963   Methods of Test for wood Particleboard
IS:3129-1965   Particleboard for Insulation Purposes
IS:3087-1965   Medium density wood Particleboard for general
                        purposes
IS:3487-1966   High density wood Particleboard
IS:3097-1965   Veneered particleboard

9.7 Japan

JIS A 5908-1976   Particleboard Standard, Quality requirement

9.8 Niederlande

CHR brochure 1978   Particle board: Provisional specification,
                           testing method and directives for the applica-
                           tion. Houtinstitut TNO Delft

9.9 Österreich

ÖNORM B 3002   Spanplatten; Arten und Anforderungen
ÖNORM B 3008 Teil 1   1978: Brandverhalten von Baustoffen und Bautei-
                           len. Baustoffe. Begriffsbestimmungen, Anforde-
                           rungen, Prüfungen

9.10 Schweden

SIS 532101-1970   Mittelharte Faserplatten (MDF-Board); Bestimmung
SIS 432101-1970   der Abmessungen
SIS 235103   -; Bestimmung der Rohdichte
SIS 235106   -; Bestimmung der Biegefestigkeit
SIS 235105   -; Bestimmung von Wasseraufnahme und Dicken-
                           quellung
ISO/TC89/SCI/WG9   -; Bestimmung der Festigkeit senkrecht zur Plat-
                           tenoberfläche (Querzugfestigkeit)
SIS 024823-1977   Firetest. Surfaces. Tendency to fire spread and
                           smoke development
SIS 024821-1977   Firetest. Materials-coverings and linings-ignita-
                           bility

9.11 UdSSR

GOST 10632-70   Spanplatten; Begriffe, Typen, Anforderungen
GOST 10633-63   Spanplatten; Prüfung von Dicke, Rohdichte und
                           Feuchtigkeit, Angaben zur Probenahme
GOST 10634-63   Spanplatten; Bestimmung von Dickenquellung und
                           Wasseraufnahme
GOST 10635-63   Spanplatten; Bestimmung der Biegefestigkeit
GOST 10636-63   Spanplatten; Bestimmung der Zugfestigkeit senk-
                           recht zur Plattenebene (Querzugfestigkeit)
GOST 10637-63   Spanplatten; Bestimmung des spezifischen Nagel-
                           und Schraubenausziehwiderstandes

9.12 USA

ASTM D 897-72   Test for Tensile Properties of Adhesive Bonds
ASTM D 898-69(1974)   Test for Applied Weight per Unit Area of Dried
                           Adhesive Solids
ASTM D 899-51(1972)   Test for Applied Weight per Unit Area of liquid
                           Adhesives
ASTM D 903-49(1972)   Test for peel or Stripping Strenght of Adhesives
                           Bonds
ASTM D 907-1974   Definitions of Terms Relating to Adhesives
ASTM D 1037-72a   Evaluating the Properties of Wood-Base Fiber and
                           Particle Panel Materials
ASTM D 1037-78   American Society for Testing and Materials. Stan-
                           dard methods of evaluating the properties of wood-
                           base fiber and particle panel materials. Phila-
                           delphia, PA

ASTM D 1084-63(1976)	Tests for Viscosity of Adhesives
ASTM D 1151-72	Tests for Effect of Moisture and Temperature on Adhesive Bonds
ASTM D 1183-70	Tests for Resistance of Adhesives to Cyclic Laboratory Aging Conditions
ASTM D 1413-76	Testing Wood Preservatives by Laboratory Soil-Block Cultures
ASTM D 1554-67	Definitions of Terms Relating to Wood-Base Fiber and Particle Panel Materials
ASTM D 1582-60(1970)	Test for Nonvolatile Content of Phenol, Resorcinol, and Melamine Adhesives
ASTM D 2017-71	Accelerated Laboratory Test of Natural Decay Resistance of Wood
ASTM D 2017-63	Standard method for accelerated laboratory test of natural decay resistance of woods
ASTM D 2394-69	Simulated Service Testing of Wood and Wood-Base Finish Flooring
ASTM D 2395-69	Test for Specific Gravity of Wood and Wood-Base Materials
ASTM C 177	Thermal Conductivity of Materials by Means of the Guarded Hot Plate
ASTM C 355	Water Vapor Transmission of Thick Materials
ASTM D 1666	Conducting Machining Tests of Wood and Wood-Base Materials
ASTM E 69(35564)	Cumbustible Properties of Treated Wood by the Fire Tube Test
ASTM E 72	Conducting Strength Test of Panels for Building Constructions
ASTM E 84	Standard test method for Surface Burning Characteristics of Building Materials
ASTM E 96	Tentative methods of test measuring water vapor transmission of materials in sheet form
ASTM E 119	Standard methods of Fire Test of Building Construction and Materials
ASTM E 152	Fire Tests of Door Assemblies
ASTM E 160	Combustible Properties of Treated Wood by the Crib Test
ASTM E 162	Surface Flammability of Materials Using a Radiant Heat Energy Source
ASTM E 286	Standard test method for surface flammability of building materials using an 8 foot tunnel furnace
ASTM E 661-78	Standard test method for performance of wood and wood-based floor and roof sheathing material under concentrated static and impact loads
CS 236-61	Commercial Standard, Mat-Formed Wood Particleboard (Interior Use), US Dep. of Commerce 1961
CS 236-66	Commercial Standard, Mat-Formed Wood Particleboard (Exterior Use). US Dep. of Commerce 1966
FHA-Ma.Bull.UM-32	Federal Housing Administration, Mat-Formed Wood Particleboard for Exterior Use, Wash 1961
FHA-Ma.Bull.UM-28	Federal Housing Administration, Mat-Formed Wood Particleboard for Floor Underlayment, Wash. 1960
LLL-B-800a	Building Board (Wood Particleboard) Hard Pressed, Vegetable Fiber, General Service Administration 1965

American Plywood Association 1982: Performance Standards and roof sheathing under concentrated static and impact loads.

9.13 ISO – International-Standard-Organisation

```
ISO/R 820-1968(E)      Particle Boards-Definition, Classification
ISO/R 821-1968(E)      -; Determination of Dimensions of Test Pieces
ISO/R 822-1968(E)      -; Determination of Density
ISO/R 818-1974         Fibre Building Boards, Definition, Classification
                       (hierin auch MDF-Platten enthalten)
ISO/R        (E)       -; Sampling, Cutting, and inspection
ISO/DIS 3340           -; Determination of sand quality (1974-02-21)
ISO/TC89/SCI/WG9,      -; Strenght perpendicular to Surface
ISO/TC92 N 531-1979:   Fire tests - reaction to fire - Ignitability of
                       building products
```

9.14 EN

```
EN 120    Bestimmung von Formaldehyd in Spanplatten, Perforatormethode
EN 21     Holzschutzmittel. Bestimmung des Giftwertes gegenüber Anobium
          punctatum (Laboratoriumsverfahren)
EN 46     Holzschutzmittel. Bestimmung der vorbeugenden Wirkung gegen-
          über Eilarven von Hylotrupes bajulus (Laboratoriumsverfahren)
EN 73     Holzschutzmittel. Beschleunigte Alterung von behandeltem Holz
          vor biologischen Prüfungen (Verdunstungsbeanspruchung)
EN 84     Holzschutzmittel. Beschleunigte Alterung von behandeltem Holz
          vor biologischen Prüfungen (Auswaschbeanspruchung)
```

Literaturverzeichnis

Albers, K. 1971: Gleitzahlmessungen an Holzwerkstoffen, 1. Mittel.: Direktmessung an Schubwürfeln. Holz Roh-Werkstoff 29: 178-183

Albers, K. 1972: Gleitzahlmessungen an Holzwerkstoffen, 4. Mitt.: Biege-Schubversuche an Verbundwerkstoffen. Holz Roh-Werkstoff 30: 182-190

Allan, D. 1979: Manufacturing considerations of particleboard requirements for furniture application, in: Spanplatten - heute und morgen, S. 304-325, DRW-Verlag, Stuttgart

American Plywood Association 1982: Performance Standards and Policies for structural use panels, Tacoma, Washington

Anon. 1984: Formaldehyd, Gemeinsamer Bericht des Bundesgesundheitsamtes, der Bundesanstalt f. Arbeitsschutz und des Umweltbundesamtes, Berlin

Arnheim, R. 1965: Kunst und Sehen, Walter de Gruyter, Berlin

Bachmann, G.: Die Auswirkungen der Spanplattenrohdichte auf Form und Porosität der Oberfläche sowie auf die Festigkeit der unbeschichteten Spanplattenschmalfläche. Holzindustrie 1969, Heft 7, 205-207

Back, E.; Sandström, E. 1982: Critical aspects on accelerated methods for predicting weathering resistance of wood based panels. Holz Roh-Werkstoff 40, 61-75

Bacon, M.F.; Rust, T.F. 1973: The determination of caustic catalyzed phenol-formaldehyde resin in wood products. Forest Prod. J. 23 (9) 113-114

Barnes, H.M.; Lyon, D.E. 1978: Fastener withdrawal loads for weathered and unweathered particleboard decking. Forest Prod. J. 28 (4): 33-36

Barnes, H.M.; Lyon, D.E. 1978: Effect of aging on the mechanical properties of particleboard decking. Wood and Fiber 10 (3): 164-174

Barnes, H.M.; Wang, S. 1976: Comparison of linear expansion test methods for particleboard. Forest Prod. J. 26 (8) 27-28

Bartnig, K.; Hauptmann, P.; Kießling, D.; Leps, G.; Schiefer, H.; Schmiedel, H.; Schröder, E. u. Rufke, B. 1977: Prüfung hochpolymerer Werkstoffe - Grundlagen und Prüfmethoden, C. Hanser Verlag, München

Becker, G. 1961: Beiträge zur Prüfung und Beurteilung der natürlichen Dauerhaftigkeit von Holz gegen Termiten. Holz Roh-Werkstoff 19, 278-290

Becker, G. 1969: Versuche über das Verhalten verschieden verleimter und chemisch geschützter Holzspanplatten gegenüber Termiten und Hausbock-käfer-Larven. Material und Organismen, Beiheft 2, 27-41

Becker, H. 1967: Möglichkeiten der Anwendung von Ultraschall bei der Untersuchung von Holz und Holzspanplatten. Holztechnologie 21 (5) 135-145

Beech, J.C.; Hudson, R.W.; Laidlaw, R.A. und Pinion, L.C. 1974: Studies on the performance of particle board in exterior situations and the development of laboratory predictive tests. Building Res. Est. Current Paper CP 77/74

Beldi, F.; Balint, J. 1978: Alterungsprüfung von Spanplatten durch Wärmebehandlung und Befeuchtung. Holztechnologie 19, 141-145

Bilbrough, J. 1970: Moisture content determination - indirect micro-wave methods, Vortrag Seminar "Moisture content determination of wood" Princes Risborough Lab Timber Lab Papers No. 24, 9-20

Bismarck, C.v.; Mehlhorn, L. 1973: Untersuchungen über die Bewertung der Oberflächenbeschaffenheit von unbeschichteten und beschichteten Spanplatten. Bericht Nr. 1, Wilhelm-Klauditz-Institut, Braunschweig

Bismarck, C.v.; Böttcher, P. 1979: Lackierbarkeit von Spanplatten für die Möbelfertigung, in: Lackieren von Holz/Möbeloberflächen S. 1-19, VDI-Verlag Düsseldorf

Böhme, R. 1980: Industrielle Oberflächenbehandlung von plattenförmigen Werkstoffen aus Holz. VEB Fachbuchverlag Leipzig.

Bolton, A.J.; Humphrey, P.E. 1977: Measurement of the tensile strength development of urea formaldehyde semi-wood bonds during pressing at elevated temperatures. J. Institute Wood Sci. 7 (5) 11-14

Bosshard, H.H. 1960: Fluoreszenzmikroskopische Untersuchungen in Span-platten, Z. Schwei. Forstverein (Beiheft) Bd. 30, S. 13-20

Bosshard, H.H.; Futo, L.P. 1963: Spezifische Färbungen zum Nachweis der Kaurit- und Tegofilm-Verleimung in Sperrholz. Holz Roh-Werkstoff 21, 225-228

Braun, D. 1978: Erkennen von Kunststoffen. Qualitative Kunststoffanalyse mit einfachen Mitteln. Carl Hanser Verlag, München/Wien.

Brinkmann, E. 1976: Internationale Spanplattennormung (ISO) im Vergleich zu DIN-geprüften Spanplatten. Holz-Zentralblatt, S. 2036-2037

Bröker, F.W. 1973: Untersuchungen über die Dimensionsänderungen zement-gebundener Holzwerkstoffe. Dissertation Universität, Hamburg

Bröker, F.W.; Simatupang, M.H. 1973: Dünnschichtchromatographischer Nachweis zementhärtungsstörender Stoffe. Zement-Kalk-Gips Heft 5, 245-247

Browning, B.L. 1967: Methods of wood chemistry, Vol. I, Interscience Publishers, New York

Brunner, K. 1978: Wechselwirkung zwischen der Formaldehydabgabe von
Spanplatten und der Formaldehydkonzentration in der Umgebungsluft.
Holz-Zentralblatt 104, 1661-1662

Brunnmüller, F. 1973: Aminoplaste, in Ullmanns Encyclopädie der technischen Chemie, 4. Auflage. Verlag Chemie, Weinheim

Bryan, E.L. 1960: Bending strength of particleboard under long term
load. Forest Prod. J. 10 (4) 200-204

Buro, A.; May, H.A. 1960: Schnelle Bestimmung der Querzugfestigkeit.
Holz-Zentralblatt 86, S. 1407-1408

Cammerer, W.F. 1970: Die Wärmeleitfähigkeit von Holzspanplatten. Holz
Roh-Werkstoff 28, 421

Carre, J. 1976: Etude de la stabilité dimensionelle des panneaux de
particules. Laboratoire Forestier de l'Etat a Gembloux, Belgien

Carroll, M.N. 1970: Relationship between driving torque and screw-
holding strength in particleboard and plywood. Forest Prod. J. 20
(3) 24-29

Chehata, A.; Paulitsch, M. 1974: Kontaktwinkelmessungen zur Beurteilung der Wechselwirkung zwischen Papiereigenschaften und Tränkharzen.
Adhäsion (12) 358-362

Chen, C.M. 1970: Effect of extractive removal on adhesion and wettabi-
lity of some tropical woods. Forest Prod. J. 20, S. 36-41

Chen, T.Y.; Paulitsch, M. 1974: Eigenschaften und Verwendungsmöglichkeiten von Biomasse-Waldhackschnitzeln. Mitteilung der Baden-Württem-
bergischen Forstlichen Versuchs- und Forschungsanstalt, S. 1-28,
Heft 62, Freiburg

Chow, P. 1974: Three tests on nailhead performance in wood-base panels.
Forest Prod. J. 24 (11) 41-44

Chow, P. 1976: Effects of moisture on the hardness of selected commer-
cial wood-base panel materials. Forest Prod. J. 26 (7) 41-44

CHR brochure 1978: Particle board: Provisional specification, testing
method and directives for the application. Houtinstitut TNO Delft

Clad, W. 1960: Die Beurteilung von Harnstoffharzleimen aufgrund ihrer
Prüfung. Holz Roh-Werkstoff 18: 391-400

Clad, W.; Schmidt-Hellerau, C. 1976: Prüfungen von Spanplatten mit dem
Xenotest-Prüfgerät. Holz-Zentralblatt S. 1407

Clad, W. 1983: Prüfung von Holzklebstoffen und Holzverklebungen - Eine
Übersicht (1), (2), (3). Holz-Zentralblatt 109 (75) 1041-1042, 1404-
1406, 1417-1418

Cymorek, S.; Pospischil, R. 1984: Prüfung von Dimilin und Alsystin
nach genormten und neuen Verfahren mit Käfern und Termiten. Holz-
Zentralblatt S. 525

Cymorek, S. 1984: Schadinsekten in Kunstwerken und Antiquitäten in
Europa, Teil 2 - Termiten. Holz-Zentralblatt 44, 660-661

Dean, A.R. 1970: A practical comparison of moisture determination by means of the oven-drying method and by the use of electrical moisture meters. Vortrag Seminar "Moisture content determination of wood" Princess Risborough Lab. Timber Lab Papers No. 24, 21-26

Denisov, O.B. 1978: Die Verklebung der Holzpartikel bei der Heißpressung von Spanplatten aus Holz. Holztechnologie 19, 139-141

Deppe, H. 1967: Untersuchungen zum Schutz von Holzspanplatten gegen Pilzbefall. Holz-Zentralblatt 2271-2274

Deppe, H.J. 1977: Möglichkeiten und Grenzen der Weiterentwicklung von Holzwerkstoffen in: Verbund von Holzwerkstoff und Kunststoff in der Möbelindustrie, S. 13-32, VDI-Verlag, Düsseldorf

Deppe, H.J.; Schmidt, K. 1979: Vergleichende Lang- und Kurzzeit-Bewitterungsprüfungen an Holzwerkstoffen. Holz Roh- und Werkstoff 37, 287-294

Deppe, H.J. 1981: Vergleichende Langzeit- und Kurzzeitbewitterung an beschichteten und unbeschichteten Holzwerkstoffen. Holz-Zentralblatt 1051-1052

Deppe, H.J.; Ernst, K. 1982: Taschenbuch der Spanplattentechnik, 2. Auflage, DRW-Verlag, Stuttgart

Deppe, H.J.; Schmidt, K. 1982: Zur Beurteilung von Holzwerkstoffen im Kurzzeit-Bewitterungsversuch. Holz Roh- und Werkstoff 40, 471-473

Deppe, H.J.; Schmidt, K. 1983: Zur Beurteilung von Holzwerkstoffen in Kurzzeit-Bewitterungsversuchen, Teil 2: Beurteilungsmöglichkeiten und Schlußfolgerungen. Holz Roh- und Werkstoff 41, 13-19

Deutsche Gesellschaft f. Holzforschung (Hrsg.) 1973: Brandverhalten von Holz und Holzwerkstoffen, Mitt. Nr. 58, München

Didriksson, E.I.E.; Nyren, J.O. und Bach E.L. 1974: The splitting of wood-base buildingboards due to edge screwing. Forest Prod. J. 24 (7) 35-39

Diem, P. 1982: Zerstörungsfreie Prüfmethoden für das Bauwesen, Bauverlag. Wiesbaden, Berlin

Drewes, H.; Greubel, D. 1984: Zeitgeraffte Simulation der Wetterbeanspruchung hölzerner Außenbauteile in Doppelklimakammern, Teil 1: Wetteranalysen, Holz-Zentralblatt 110, S. 207-208

Dubenkropp, G. 1980: Verschleiß und Werkstückqualität für unterschiedliche Kantenbearbeitungssysteme, Vortrag 6. Holztechnisches Kolloquium, Braunschweig

Dueholm, S. 1976: Untersuchungen zum Deformationsverhalten von geschichteten Holzwerkstoffplatten unter Klimaeinwirkung. Dissertation Universität, Hamburg

Eckelman, C.A. 1973: Holding strength of screws in wood and wood-base materials. Res. Bull. No. 895, Purdue Univ., West Lafayette

Endicott, L.E.; Frost, T.R. 1967: Correlation of accelerated and long term stability test for wood-based composite products. Forest Prod. J. 17 (10) 35-40

ETB-Baurichtlinie: Richtlinie über die Verwendung von Spanplatten hinsichtlich der Vermeidung unzumutbarer Formaldehydkonzentrationen in
der Raumluft. Fassung April 1980, Beuth Verlag: Berlin/Köln

Europäische Förderation der Verbände der Spanplattenindustrie 1975 und
1977. Formaldehydbestimmung bei Spanplatten. Perforatormethode, Gasanalysenmethode. Bestimmung von Formaldehyd in der Luft. Photometrische Verfahren. Jodometrische Verfahren, Gießen

Fabry, J. o.J.: Bestimmung des Siliziumsgehaltes in Spanplatten.
32. Sitzung der Technischen Kommission der FESYP, Gießen

Feigl, F. 1960: Tüpfelanalyse I. Akademische Verlagsgesellschaft,
Frankfurt/Main

FESYP 1980: Bestimmung der feuchtigkeitsbedingten Längenänderung in
der Plattenebene. Empfehlung, Gießen

FIRA 1981: Fira Particle board tester. Fira-Bull. S. 16-17

Flemming, H. 1957: Die Bestimmung der Oberflächengüte an schwierigem
Material. Zeitschrift für wirtschaftl. Fertigung 56 (1) 67

Freund, H. (Hrsg.) 1951: Handbuch der Mikroskopie in der Technik..
Band V, Teil 2, Umschau-Verlag, Frankfurt

Gann, U. 1980: Erfassung der Feuchtigkeit in beleimten und unbeleimten
Holzspänen nach dem elektrischen Widerstandsmeßverfahren. Vortrag
6. Holztechnisches Kolloquium, Braunschweig

Geimer, R.L. 1981: Predicting flake-board properties. Proceedings 14th
Wash. State Univ. Symposion on Particleboards, Pullmann, Wash. S.
59-76

Gerhards, C.C.; Floeter, L.H. 1982: Non destructive evaluation of
mechanical properties of a structural flakeboard made from forest
residues. USDA, Forest Prod. Lab. Research Paper FPL 414, Madison

Gersonde, M.; Becker, G. 1958: Prüfung von Holzschutzmitteln für den
Hochbau auf Wirksamkeit gegen Pilze an praxisgemäßen Holzproben
(Schwammkellerversuch). Holz Roh-Werkstoff 16, 346 ff.

Gersonde, M.; Deppe, H.J. 1983: Zum Stand der Imprägnierung und Prüfung geschützter Holzwerkstoffe (Typ V 100G). Holz Roh-Werkstoff 41,
323-328

Gfeller, B. 1978: Grundsätzliche Möglichkeiten des Brandschutzes von
Holz und Holzwerkstoffen durch chemische Mittel. Vortrag anläßlich
des Fortbildungskurses der SAH am 9./10.11.1978, Weinfelden/Schweiz

Gfeller, B.; Reiter, L. 1978: Beurteilung der Oberflächengestalt von
Spanplatten für Beschichtungszwecke. Holz-Zentralblatt 104: S. 146-
148, 188-189

Gillespie, R.H.: Wood composites in: Adhesion in Cellulosic and wood-
based Composites; F.J. Oliver (Hrsg.), S. 167-189 NATO Conference
Series VI: Materials Science, Vol. 3. Plenum Press. New York, ohne
Jahr.

Ginzel, W.; Stegmann, G. 1970: Nachträgliche Anfärbung von HF-Binde-
mitteln auf beleimten Holzspänen zur visuellen Beurteilung der Leimverteilung. Holz Roh-Werkstoff 28, 289-292

Gratzl, A. 1963: Einflüsse auf das Stehvermögen von Möbelteilen. Holz
Roh-Werkstoff 21 (4) 149-153

Gressel, P. 1971: Untersuchungen über das Zeitstandbiegeverhalten von
Holzwerkstoffen in Abhängigkeit von Klima und Belastung. Forschungsinstitut für Holzwerkstoffe und Holzleime, Karlsruhe

Gressel, P. 1977: Die Holzwerkstoffverleimung heute. Holz-Zentralblatt
107: 1567-1569

Gressel, P. 1980 a: Prüfung und Beurteilung der Dauerhaftigkeit von
Spanplattenverleimungen. Holz Roh-Werkstoff 38, 17-35

Gressel, P. 1980 b: Prüfung und Beurteilung der Dauerhaftigkeit von
Spanplattenverleimungen. Holz Roh-Werkstoff 38, 109-113

Gressel, P. 1980 c: Spanplatten mit besonderen brandtechnischen Eigenschaften. Vortrag anläßlich des 6. Holztechnischen Kolloquium, Braunschweig, März

Gressel, P. 1981: Spanplatten für das Bauwesen. Prüfmethoden - Eigenschaften - Korrelationen. Holz Roh-Werkstoff 39: 63-78

Greten, E. 1980: Meßwertaufnehmer in der Spanplattenindustrie, Vortrag
6. Holztechnisches Kolloquium, Braunschweig

Großkopf, K. 1961: Die Bedeutung der Prüfröhrchenmethode im Rahmen der
werksärztlichen Tätigkeit. Zentralblatt für Arbeitsmedizin und Arbeitsschutz 11, 157-163

Grzeczynski, T.; Bakowski, S. 1963: Verfahren zur schnellen Bestimmung
der Zugfestigkeit senkrecht zur Plattenebene. Holz Roh-Werkstoff 21:
495-496

Gür, B.; Vienup W.; Gerhardt, U. 1982: Untersuchungen über den Zusammenhang zwischen Querzugfestigkeit und Einstichtiefe bei Flachpreßplatten FPY. Holz-Zentralblatt 1982, 1481+1490

Hall, H.; Haygreen, J. 1978: Flexural creep of 5/8-inch particleboard
and plywood during 2 years of concentrated loading. Forest Prod. J.
28 (6) 19-22

Hall, H.; Haygreen, J.G. 1983: The minnesota shear test. Forest Prod.
J. 33 (9) 29-32

Hall, H.J.; Haygreen, J.G.; Lee, Y. 1984: Minnesota shear test repro-
ducibility and correlation with internal bond. Forest Prod. J. 34
(9) 49-52

Hatton, J. 1975: WFPL chip quality analytical procedure: effect of test
parameters on screening efficiency and analysis time. Pulp & Paper
Canada, 76 (7) T 217 - T 219

Heebink, B.G. 1967: A procedure for quickly evaluating dimensional
stability of particleboard. Forest Prod. J. 17 (9) 77-80

Hergert, H.L.; Kurth, E.F. 1953: The chemical nature of the extractives from white fir bark; Tappi 36:137

Horn, J. 1969: Untersuchungen über die Wasserdampfdiffusion durch Holzspanplatten. Dissertation Universität Hamburg

Hunt, M.O.; Mc Natt, J.D.; Fergus, D.A. 1980: Evaluation of new shear property test methods of thick particleboard. Forest Prod. J. 30 (2) 39-42

Johannesen, J.; Morkved, K. 1972; E-Modul-Meßgerät für Spanplatten, 28. Sitzung der Technischen Kommission der FESYP, Straßburg

Johnson, A.; Haygreen, J.G. 1974: Impact behavior of particleboard as related to some other physical properties. Forest Prod. J. 24 (11) 22-27

Institut für Bautechnik, 1972: Richtlinie für die Überwachung der Herstellerwerke von Holzschutzmitteln. Mitteilung des Institutes für Bautechnik 3 (4) 9, Berlin

Institut für Bautechnik (J.f.B.T.) 1975: Richtlinie zur Überwachung von Holzwerkstoffplatten - Mengenbestimmung der eingebrachten Holzschutzmittel, Fassung Januar 1975, Berlin, S. 147

Jellinek, K.; Müller, N. 1982: Fortschritte auf dem Gebiet der Phenolharz-Spanplatte V 100. Holz-Zentralblatt 108, 1799-1800

Kail, A.; Gratzl, A. 1962: Zur Praxis der elektrischen Holzfeuchtemessung. Holzforschung und Holzverwertung 14, 82-85

Kaneda, H.; Maku, T. 1976: Studies on the weatherability of composite wood. Makuzai Gakkaishi 22 (3) 173-183

Kehr, E. 1972: Beurteilung der Qualität von Hackschnitzeln und der aus Hackschnitzeln hergestellten Späne und Spanplatten, Holzindustrie 4: 101-105

Kerner-Gang, W. 1984: Prüfung des Schutzes von Holzspanplatten gegen holzzerstörende Basidiomyceten im Laborverfahren. Holz-Zentralblatt S. 509-511

Klauditz, W.; Meier, K. 1960: Zur Bestimmung des Harnstoff- und Melamingehaltes von Holzspanplatten. Holz Roh- und Werkstoff 18, 163-166

Kleinschmidt, H.P. 1983: On line Messung der Vlieshöhe und Querprofilaufzeichnung zur Rationalisierung der Spanplattenherstellung. Holz Roh- und Werkstoff 41: 423-425

Knigge, W.; Schulz, H. 1966: Grundriß der Forstbenutzung. Paul Parey Verlag. Hamburg

Knigge, W. 1971: Rasterelektronenmikroskopische Untersuchungen an Bohrspänen. Holz Roh-Werkstoff 29, 461-469

Knowles, L. 1981: Rapid method to determine internal bond and density variations of particleboard. Forest Prod. J. 31 (12) 51-53

König, H.J. 1969: Über die Bestimmung der Fließeigenschaften melaminharzgetränkter Papiere für Schichtstoffe - Kunststoffe 59 (5) 305-308

Kollmann, F.; Malmquist, L. 1956: Über die Wärmeleitzahl von Holz und Holzwerkstoffen, Holz Roh-Werkstoff 14, 201-204

Kollmann, F.; Krech, H. 1961: Zeit- und Dauerfestigkeit von Spanplatten. Holz-Werkstoff 19 (3) 114-115

Kollmann, F.; Coté, W.A. 1968: Principles of wood science and technology, Solid Wood, Springer Verlag Berlin, Heidelberg, New York

Kollmann, F. 1975: Properties of particleboard, in: Kollmann, F.; Kuenzi, E.W.; Stamm, A.J.: Principles of wood science and technology, Vol. II Wood based materials. Springer-Verlag, Berlin/Heidelberg/New York, S. 456-550

Kratz, W.; May, H.A. 1963: Über das Schrauben- und Nagelhaltevermögen von Holzspanplatten. Möbelkultur Hamburg 15: 744-745

Kratz, W. 1969: Untersuchungen über das Dauer-Biegeverhalten von Spanplatten. HRW 27: 380-387

Kratz, W.; Mehlhorn, L. 1975: Feuchtigkeits- und wärmetechnische Untersuchungen an hölzernen Außenwandelementen. WKI-Bericht, Nr. 4 a/b, Braunschweig

Kratz, W. 1982: Zeitgeraffte Simulation von Klimaeinflüssen an Bauteilen. BMF-Rundschau 2.82, S. 4-11, Hamburg

Kufner, M. 1968: Die Prüfung der Festigkeitsabnahme von Holzspanplatten infolge der Einwirkung von Coniophora puteana. Holz Roh-Werkstoff 26: 388-393

Kufner, M. 1969: Die Prüfung des Saugvermögens von Spanplattenoberflächen. Holz Roh-Werkstoff 27, 397

Kufner, M. 1975: Die Prüfung der Bindefestigkeit von Spanplatten. Holz Roh-Werkstoff 33: 265-270

Kordina, K.; Mayer-Ottens, C. 1983: Holz Brandschutz Handbuch, Deutsche Gesellschaft f. Holzforschung, München

Kühlmann, G. 1962: Untersuchung der thermischen Eigenschaften von Holz und Spanplatten in Abhängigkeit von Feuchtigkeit und Temperatur im hygroskopischen Bereich. Holz Roh-Werkstoff 20, 259-270

Kyte, C.T. 1970: Resistance type moisture meters. Vortrag Seminar "Moisture content determination of wood" Princes Risborough Lab Timber Lab Papers No. 24

Laidlaw, R.A.; Beech, J.C. 1973: The assessment of predictive tests for forecasting the performance of particle board in exterior environments. Proceedings IUFRO Division V, 01.2. S. 620-631, South Africa

Lämmke, A. 1966: Die Phosphatbestimmung in Holzschutzmitteln und behandeltem Holz und ihre Bedeutung zur Bestimmung der Aufbringmenge von Flammschutzmitteln. Mitteilung der Deutschen Gesellschaft für Holzforschung 53: 16-22

Lehmann, W.F. 1970: Resin distribution in flakeboard shown by ultraviolet light photography. Forest Prod. J. 18 (10) 32-34

Lehmann, W.F. 1971: Moisture-stability relationships in wood-base com-
position boards, Colorado State Univ. Forest Coll.

Lehmann, W.F. 1982: Korrelationen zwischen verschiedenen Formaldehyd-
abgabe-Prüfungen, Vortrag 16. Internat. Spanplatten-Symposium, Wash.
State Univ. Pullman, Washington

Lempfer, K.; Paulitsch, M. 1977: Untersuchungen über die Dimensionsänderungen von Spanplatten in Plattenebene. 2. Holz Roh-Werkstoff 35,
135-139

Leschonski, K. 1966: Einführung in die Kornanalyse
1. Teil: Dispersitätsgröße - Mengenanteil, die Darstellung von Korn-
         verteilungen
5. Teil: Die Prüfsiebung, Informationsdienst APV 12 (1/2) 1-82

Liiri, O. 1980: Prüfung der Feuchtbeständigkeit von Spanplatten, zitiert nach: Holz Roh-Werkstoff 39, 1982, S. 205

Limberger, E. 1976: Der Widerstand von Platten, die als Beplankungsmaterial leichter Wände verwendet werden, gegenüber dem Aufprall harter Körper. BAM-Bericht, Nr. 35 Berlin

Lobenhoffer, H. 1982: Auswertung von Prozeßdaten mittels statistischer Methoden. Holz Roh-Werkstoff 40: 395-401

Lohfert, Ch. 1965: Das elastische Verhalten windgesichteter Spanplatten. Dissertation TH Hannover

Lück, W. 1964: Feuchtigkeit - Grundlagen, Messen, Regeln. R. Olden-
burg, München/Wien

Maloney, T. 1984: New Hall/Haygreen Test merits strong consideration.
Plywood & Panel World April p. 44

Matsumoto, T. 1974: Concentration of formaldehyde release from plywood
in an environmental test room. Ringyo Shikenjo Kenkyn Hokuku (Butt.
Gov. For. Exp. Sta.) 262, 41-58

May, H.A.; Stegmann, G. 1966: Methoden zur Bestimmung der Spandimen-
sionen und zur Beurteilung von Sichtvorgängen. Holz Roh-Werkstoff 24,
305-311

May, H.A. 1976: Zur Feuchtebeständigkeit verschiedener Spanplattenleime. Holz-Zentralblatt 102 (96)

May, H.A.; Keşerü, G. 1982: Sichtung von Spangemischen und Methoden
zur Beurteilung ihrer Eignung für die Herstellung von Spanplatten.
Holz Roh-Werkstoff 40: 105-110

Mc Natt, J.D.; Superfesky, M.J. 1984: How some test variables affect
bending, tension and compression values for particle panel products,
Forest Prod. Lab. Research Paper FPL 446, Madison

Mc Natt, J.D.; Werren, F. 1976: Fatique Properties of three particleboards in tension and interlaminar shear. Forest Prod. J. 26 (5)
45-48

Mehlhorn, L.; Roffael, E.; Miertzsch, H. 1978: Erfahrungen mit den vom
FIHH, Karlsruhe vorgeschlagenen Prüfmethoden zur Bestimmung des Formaldehyds. Holz-Zentralblatt 104, 345-346

Mehlhorn, L. 1985: Qualitätskontrollen in der Holzwerkstattindustrie mit Hilfe digitaler Bildverarbeitung. Mobil Oil Symposium, Bad Reichenhall

Meierhofer, U.A.; Sell, J. 1983: Verhalten unterschiedlich beschichteter Spanplatten als großflächige wetterexponierte Fassadenelemente. EMPA-Bericht 115/4, Dübendorf

Merkel, D.; Mehlhorn, L. 1980: Optisches Meßsystem für die Kantenkontrolle beschichteter Spanplatten. Holz- und Kunststoffverarbeitung 15: 810-812

Meyer-Ottens, C. 1969: Bauen mit Holz 71, 9-14

Mitgau, R. 1971: Oberflächenvergütung von Holzwerkstoffen mit kunstharzimprägnierten Papieren. Vortrag VDI-Tagung - Kunststoffbeschichtete Holzwerkstoffe -, Rosenheim

Mitgau, R. 1979: Die Oberflächenbeschichtung von harzimprägnierten Papieren, in: Spanplatten - heute und morgen, S. 326-332, DRW-Verlag, Stuttgart

Mohl, H.R. 1978: Saug- und Spaltmethoden zur Bestimmung der Formaldehydabgabe von Holzwerkstoffen und Leimen sowie zur allgemeinen Luftanalyse. 1. Mitteilung: Methodenbeschreibung. Holz Roh-Werkstoff 36, 69-75

Mohl, H.R. 1978 b: Saug- und Spaltmethode zur Bestimmung der Formaldehydabgabe von Holzwerkstoffen und Leimen sowie zur allgemeinen Luftanalyse. 2. Mitteilung: Anwendungsbeispiele, Schlußfolgerungen und Methodenvergleich. Holz Roh-Werkstoff 36, 151-156

Münz, U.V. 1984: Untersuchung und Beurteilung von Werkzeugschneiden-Verschleiß und Spanplatten-Kantenqualität beim Umfangsplanfräsen von KF-Platten. Holz-Zentralblatt 24: 361-364

Myers, G.E. 1983: Formaldehyde emission from particleboard and plywood paneling; measurement, mechanism, and product standards. Forest Prod. J. 33 (5) 27-37

Nanassy, A.J.; Szabo, T. 1978: Thermal properties of waferboards as determined by a transient method. Wood Science 11 (1) 17-22

Neumann, R.; Müller, V. 1979: Untersuchungen zur Ermittlung der Kaltklebekraft von Harnstoff-Formaldehyd-Harzleimen. Holztechnologie 20, 99-103

Neusser, H. 1966: Das Verhalten von Fußbodenoberflächen aus Holzwerkstoffen bei Belastung kleiner Flächenabschnitte. Mitt. d. DGfH, Heft 54, S. 124-131

Neusser, H.; Krames, U.; Zentner, M. 1969: Spanplatten mit verschiedenen Deckschichtausführungen als Trägermaterial für Beschichtungen verschiedener Art. Holzforschung und Holzverwertung 21 (3) 56-61

Neusser, H.; Krames, U. 1969: Über die Erfassung einiger wichtiger Kennzahlen von Holzspänen. Holzforschung und Holzverwertung 21 (4) 77-80

Neusser, H.; Krames, U. 1971: Die Oberflächengestalt von Holzspanplatten - ihre Erfassung und ihre Schönheitswirkung. Holz Roh-Werkstoff 29, 103-118

Neusser, H.; Haidinger, K.; Zentner, M. 1971: Über das Stehvermögen
von Spanplatten und halbharten Faserplatten. Holzforschung und Holzverwertung 23 (6) 110-118

Neusser, H.; Schall, W.; Krames, U. 1974: Die Veredelung von Holzspanplatten mit Dekorpapieren und die Eigenschaften der dabei erhaltenen
Produkte. Holzforschung und Holzverwertung 26, 78-97

Neusser, H.; Krames, U.; Schall, W. 1974: Die Rohdichte von Spanplatten
im Oberflächenbereich, Vortrag anläßlich d. 3. Schenck-Spanplatten-
tagung Braunschweig 07./08.11.1974

Neusser, H. 1979: Die Oberflächenqualität und deren Bedeutung für die
daraus hergestellten Produkte, in: Spanplatten - heute und morgen -
S. 285-295, DRW-Verlag, Stuttgart

Neusser, H. 1982: Die Oberflächen von Spanplatten - Eigenschaften und
Ursachen. Vortrag Mobil-Oil Symposium für die Spanplattenindustrie,
Timmendorfer Strand 16.06.1982

Niemz, P. 1980: Prüfvorrichtung zur Ermittlung des Kriechverhaltens
von Vollholz und Werkstoffen aus Holz bei Dauerstand-Biegebelastung.
Holztechnologie, Leipzig, 21 (1) 57-58

Niemz, P. 1982: Einsatz mikroelektronischer Bauelemente zur Prozeß-
steuerung und Qualitätskontrolle in der Spanplattenindustrie. Holztechnologie, Leipzig, 23 (3) 169-174

Noack, D. 1966: Statistische Qualitätskontrolle in: Kollmann, F.
(Hrsg.) Holzspanwerkstoffe, Springer-Verlag Berlin-Heidelberg-New York

Noack, D.; Schwab, E. 1972: Die Scherfestigkeit von Holzspanplatten
als Kriterium des Spanverbundes. Holz Roh-Werkstoff 30

Nowak-Ossorio, M.; Braun, D. 1983a: Analyse von Brandschutzmitteln in
Holzspanplatten, Teil 1: Naßchemische Methoden. Holz Roh-Werkstoff 41,
351-355

Nowak-Ossorio, M.; Braun, D. 1983b: Analyse von Brandschutzmitteln in
Holzspanplatten, Teil 2: Physikalisch-chemische Methoden. Holz Roh-
Werkstoff 41, 381-385

Oberst, H. (Hrsg.) 1963: Elastische und viskose Eigenschaften von
Werkstoffen - Grundlagen und Begriffe. Deutscher Verband für Material-
Prüfung. Beuth Verlag, Berlin Köln

Okoro, S.; Gertjejansen, R.O.; French, D.W. 1984: Influence of natural
durability, laboratory weathering, resin content, and ammoniacal copper
arsenate treatment on the decay resistance of African hardwood particleboards, Forest Prod. J. 34, 9, 41-48

Okuma, M. 1976: Manufacture and Performance of construction use particleboard, II·On a new test to evaluate the durability of particleboard. Mokuzai Gakkaishi 22 (3) 184-190

Östman, B.; Back, E. 1977: Means to evaluate panel materials in fire
and the role of fire retardants. Behaviour of wood products in fire.
Pergamon Press Oxford u. New York

Östman, B. 1981: Ignitability as proposed by the International Standards Organisation compared with some European fire tests for building panels. Fire and materials, Vol. 5, No. 4, p 153-162

Parameswaran, N.; Roffael, E. 1982: Mikrotechnologische Untersuchungen an verdichteten Holzspänen im Spanplattenverbund. Adhäsion 6-7, o. Seitenangabe

Parameswaran, N.; Bröker, F.W. 1979: Mikromorphologische Untersuchungen an langjährig verbauten zementgebundenen Holzwerkstoffen. Holzforschung 33, 97-102

Paulitsch, M. 1972: Untersuchungen über den pH-Wert wäßriger Auszüge einiger harnstoffharzgebundener Spanplatten. Holz Roh-Werkstoff 30, 437-439

Paulitsch, M.; Mehlhorn, L. 1973: Neues Verfahren zur Bestimmung des Rohdichteprofils von Holzspanplatten. Holz Roh-Werkstoff 31, 393-397

Paulitsch, M. 1974: Gleichgewichtsfeuchtigkeiten von Holzwerkstoffen. WKI-Kurzbericht 12/1974, Wilhelm-Klauditz-Institut Braunschweig

Paulitsch, M.; Bismarck, C.v.; Stürmer, R. 1975: Untersuchungen über optimale Veredelungsmöglichkeiten von Holzwerkstoffoberflächen. Holz-Zentralblatt 101, S. 767, 774, 1253-1255

Paulitsch, M. 1975: Kantenbearbeitbarkeit - beschichtete Spanplatten, WKI-Kurzbericht 6/75, Wilhelm-Klauditz-Institut Braunschweig

Paulitsch, M. 1976: Untersuchungen zur Charakterisierung von Hackschnitzeln für die Spanplattenherstellung. Holz-Zentralblatt 102, 2032-2033

Paulitsch, M. 1976: Untersuchungen über die Eigenspannungen von Holz-Spanplatten. Dissertation Universität Göttingen

Pellerin, R. 1974: New concept allows non-destructive, in process testing of board quality. Forest Industries, July, S. 64-65

Petersen, J.; Reuther, W.; Eisele, W.; Wittmann, O. 1972: Zur Formaldehydabspaltung bei der Spanplattenerzeugung mit Harnstoff-Formaldehyd-Bindemitteln. 1. Mitteilung: Holz Roh-Werkstoff 30, 429-436

Pizurin, A.A.; Sobasko, V.J. 1979: Zur Anwendung des Ultraschalls für die Ermittlung von Fehlern in Spanplatten aus Holz. Holztechnologie 20 (1) 22-25

Plath, E.; Plath, L. 1959: Färbemethoden für Mikrotomschnitte aus verleimten und oberflächenbehandelten Holzwerkstoffen. Holz Roh-Werkstoff 17, 245-249

Plath, L. 1966: Bestimmung der Formaldehyd-Abspaltung aus Spanplatten nach der Mikrodiffusionsmethode. 1. Mitteilung. Holz Roh-Werkstoff 24, 312-318

Polge, H.; Lutz, P. 1969: Über die Möglichkeit der Dichtemessung von Spanplatten senkrecht zur Plattenebene mit Hilfe von Röntgenstrahlen. Holztechnologie 10 (2): 75-84

Polovtseff, B. 1961: A method of assessment of the surface quality of particleboards. Vortrag Technische Kommission der FESYP, Gießen

Profos, P. (Hrsg.) 1984: Handbuch d. Industriellen Meßtechnik, Vulkan-Verlag, Essen

Ranta, L.; May, H.A. 1978: Zur Messung von Rohdichteprofilen an Spanplatten mittels Gammastrahlen. Holz Roh-Werkstoff 36, 467-474

Reinhardt, H.W. 1973: Ingenieurbaustoffe, Wilhelm Ernst & Sohn, Berlin/München/Düsseldorf

Reiter, L.; Gfeller, B. 1978: Die Saugfähigkeit von Spanplattenflächen. Holz-Zentralblatt 104 (113): 1709-1711

River, B.H.; Gillespie; Baker, A.J. 1981: Accelerated aging of phenolic bonded hardboards and flakeboards, Forest Prod. Lab Res. Paper FPL 393, Madison

Röbert, S. (Hrsg.) 1974: Systematische Baustofflehre, VEB Verlag für Bauwesen, Leipzig

Rohrbach, Ch. 1967: Elektrisches Messen mechanischer Größen. VDI-Verlag, Düsseldorf

Roffael, E.; Rauch, W. 1974: Extraktstoffe in Eiche und ihr Einfluß auf die Verleimbarkeit mit alkalischen Phenol-Formaldehydharzen. Holz Roh-Werkstoff 32, 182-187

Roffael, E. 1975: Messungen der Formaldehydabgabe. Praxisnahe Methode zur Bestimmung der Formaldehydabgabe harnstoffharzgebundener Spanplatten. Holz-Zentralblatt 101, 1403-1404

Roffael, E. 1982: Formaldehydabgabe von Spanplatten und anderen Werkstoffen. DRW-Verlag, Stuttgart

Roffael, E.; Schriever, E.; May, H.A. 1982: Hydrophobierung von Spanplatten mit Paraffinen, Teil 1: Kenntnisse und eigene Untersuchungen. Adhäsion Heft 11

Rosenke, U. 1984: Strukturfestigkeit von Spanplatten. Holz-Zentralblatt S. 371

Saito, F.; Suzuki, R.; Nawamaki, M. 1976: Thermal conductivity of particleboards. Mokuzai Gakkaishi 22 (5) 297-302

Sandermann, W.; Rothkamm, M. 1959: Über die Bestimmung der pH-Werte von Handelshölzern und deren Bedeutung für die Praxis. Holz Roh-Werkstoff 17, 540-544

Schmidt, E.L.; French, D.W. 1979: Two day mold testing using a control agar method. Forest Prod. J. 29, 39-42

Schmidtbauer, H. 1980: Fortschritte in der Analytik von Pheno- und Aminoplasten. Vortrag Mobil Oil-Tagung, Augsburg

Schmidt-Hellerau, Ch. 1973: Spanform und Spanplatteneigenschaften. Der Einfluß der Spanform auf die Eigenschaften von Fichten- und Eichenspanplatten. Holz-Zentralblatt 43, 657-659

Schnee, K.; Tichy; Stöcking, E. 1976: Dichte- und Stickstoffprofil als Beurteilungsmerkmale bei der Beschichtung von Holzspanplatten. Kunstharz-Nachrichten 20-25, Hoechst

Schneider, A. 1973: Über das Sorptionsverhalten von mit phenol- und harnstoffharzverleimten Holzspanplatten. Holz Roh-Werkstoff 31: 425-429

Schneider, A. 1979: Beitrag zur Porositätsanalyse von Holz mit dem Quecksilberporosimeter. Holz Roh-Werkstoff 37: 295-302

Schneider, A.; Engelhardt, F. 1977: Vergleichende Untersuchungen über die Wärmeleitfähigkeit von Holzspan- und Rindenplatten. Holz Roh-Werkstoff 35, 273-278

Schneider, H. 1966: Verhalten von Holzwerkstoffen bei Stoßbeanspruchung, Holz Roh-Werkstoff 24 (2) 46-52

Schriever, E. 1980: Bestimmung von Bindemitteln in Spanplatten mittels Pyrolyse-Gaschromatographie. Holzforschung 34, 177-180

Schriever, E. 1981: Einfacher qualitativer Nachweis von Harnstoff-formaldehydharzen und Diisocyanaten in Holzwerkstoffen. Holz Roh-Werkstoff 39, 227-229

Schüle, W. 1965: Feuchtigkeitsschutz in: Schall, Wärme, Feuchtigkeit. S. 183-230. Bauverlag, Wiesbaden-Berlin

Schüle, W.; Kupke, Ch.; Cammerer, W.F.; Achziger, J., Zehendner, H. 1972: Wärmeleitfähigkeit von Baustoffen, Berichte aus der Bauforschung Heft 77, W. Ernst & Sohn, Berlin

Schultze, W. 1975: Farbenlehre und Farbenmessung, Springer-Verlag, Berlin-Heidelberg, New York, 3. Auflage

Schulze, W. 1975: Einführung in die Baustoffprüfung, VEB Verlag für Bauwesen, Leipzig

Schwab, E. 1972: Untersuchungen über den Vorgang und die Prüfung der Flammenausbreitung auf plattenförmigen Holzwerkstoffen. Dissertation Universität Hamburg

Seekamp, H.; Bub, H. 1970: Baulicher Brandschutz - Baustoffe - Sonderbauteile, E. Schmidt Verlag, Berlin

Shen, K.C.; Carroll, M.N. 1969: A new method for evaluation of internal strength of particleboard. Forest Prod. J. 19 (8) 17-22

Skiest, E.N. 1980: Technical Efforts of the Formaldehyde Institute - Vortrag anläßlich des 14. Spanplatten-Symposiums der Washington State Univ. Pullman, Washington, 02.04.1980

Sneck, U.; Oinonen, H. 1970: Measurements of pore size distribution of porous materials. The State Institute for technical research, Helsinki, Publication 155

Sparkes, A.J. 1979: Technical requirements for furniture grade chipboard, in: Spanplatten - heute und morgen, S. 277-284, DRW-Verlag, Stuttgart

Spurr, A.R. 1969: A low viscosity epoxy resin embedding medium for electron microscopy. J. Ultrastr. Res. 26, 31-43

Stamm, A.J. 1961: A comparison of three methods for determining the pH of wood and paper. Forest Prod. J. 21, 310-312

Steiner, P.R.; Jozsa, L.A.; Parker, M.L.; Chow, S. 1978: Application of x-ray densitometry to determine density profile in waferboard. Wood Science 11, 48-55

Steinhausen, O. 1983: Wirtschaftliche Spanplattenfertigung von den Anfängen bis heute, 7. Holztechnisches Kolloquium, Braunschweig

Stegmann, G.; Kratz, W. 1967: Kennzeichnung der Verleimungsgüte von Spanplatten mit verschiedenen Bindemittelgehalten und Rohdichten durch Quellungsdruckmessungen. Adhäsion (1) 11-18

Stevens, R.R. 1978: Slicing apparatus aids in determination of layer-density of paricleboard. For. Prod. J. 28 (9) 51-52

Stöger, G. 1965: Beiträge zur Berechnung und Prüfung der Formaldehyd-abspaltung aus harnstoffharzgebundenen Spanplatten. Holz-Zentralblatt 1, 93-98

Suchsland, O. 1957: Compression shear test for determination of internal bond strength in particleboard. Forest Prod. J. 27 (1) 32-36

Suchsland, O. 1970: Optical determination of linear expansion and shrinkage of wood. For. Prod. J. 20 (6) 26-29

Suchsland, O.; Woodson, G.E. 1974: Effect of press cycle variables on density gradient of medium density fiber-board. 8. Washington State. Univ. Symposium on Particleboard, Pullman, Wash.

Suchsland, O. 1976: Measurement of swelling forces with load cells. Wood Science 8, 194-198

Superfesky, M. 1975: Investigating methods to evaluate impact behavior of sheathing materials. USDA Forest Serv. Res. Pap. FPL 260

Szabo, T; Gaudert, P.C.C. 1978: Fast internal bond test for waferboard. Forest Prod. J. 28, 38-40

Szejka, E. 1983: Untersuchungen zur Formbeständigkeit von Spanplatten. Holztechnologie 24: 88-90

Teichgräber, R. 1966: Eigenschaften und Eigenschaftsprüfung in: Kollmann, F. (Hrsg.): Holzspanwerkstoffe, Springer-Verlag Berlin/Heidelberg/New York S. 530-579

United States Department of Agriculture (USDA) 1980: Proceedings of 1980 Symposium, "Wood Adhesives-Research, Application and Needs", 23.-25.9.1980, Forest Prod. Lab. Madison

Vehlow, J.; Büttner, E. 1978: Automatische Messung von Dichteverteilungen in Holzwerkstoffen mit Hilfe der Radionuklidtechnik. Kernforschungsanlage, Karlsruhe

Verbestel, 1976: Proceedings of the Formaldehyd Committee. 18th meeting of Engineering Committee, FESYP, Gießen

Votteler, T. 1983: Mikroskopische Ursachenforschung bei der Holzbeschichtung. Druckschrift d. Th. Votteler GmbH, Korntal

Walter, F.; Rinkefeil, R. 1960: Ein Beitrag zur Bestimmung der Formbeständigkeit von Holzwerkstoffplatten. Holztechnologie 1 (2), 159-163

Walter, F. 1977: Prüftechnik in der Holzindustrie. VEB Fachbuchverlag, Leipzig, S. 312

Waubke, N.V.; Märkl, J. 1982: Einsatz der Ultraschall-Impulslaufzeitmessung für die Sortierung von Bauhölzern. Holz Roh-Werkstoff 40, 189-192

Wedemeyer, H.W.v. 1959: Gesichtspunkte zur Beurteilung und Prüfung von Spanplatten. Holz-Zentralblatt, S. 489-490

West Coast Adhesive Manufacturers Association (WCAMA), 1966: A proposed new test for accelerated aging of phenolic resinbonded particleboard. Forest Prod. J. 1606, 19-23

White, R.H.; Schaffer, E.L. 1981: Thermal characteristics of thick red oak flakeboard, USDA For Prod Lab Res Paper FPL 407

Wilson, J.B.; Krahmer, R.L. 1976: Particleboard: microscopic observations of resin distribution and board fracture. Forest Prod. J. 26 (11) 42-45

Winter, H. 1949: Eigenschaften, Prüfung und Verwendung von plattenförmigen Holzhalbzeugen. Mitt. Deutsche Gesellschaft für Holzforschung H. 37, Stuttgart

Winter, H.; Frenz, W. 1954: Ein Beitrag zu den Prüfverfahren für die Kennzeichnung der Eigenschaften von Holzspanplatten. Holz Roh-Werkstoff 12: 348-357

Winter, H.; Heyer, S. 1957: Untersuchungen zur Entwicklung von Prüfverfahren für die Kennzeichnung der Eigenschaften von Holzspanplatten: Schlagversuche an Platten. Holz Roh-Werkstoff 15 (1) 51-58

Wittmann, O. 1962: Die nachträgliche Formaldehydabspaltung bei Spanplatten, Holz Roh-Werkstoff 20, 221-224

Wultsch, N.; Kunz, W. 1967: Über die Erfassung der Qualitätskriterien von Tiefdruckpapier unter besonderer Berücksichtigung der Bedruckbarkeit. Das Papier 21, Heft 10a

Stichwortverzeichnis